Unter fremden Sonnen

Unter fremden Sonnen

Robert Holdstock Malcolm Edwards

Moewig Verlag KG, Rastatt

Ein Moewig-Bildband

Titel des Originals: ALIEN LANDSCAPES

Layout: Peter Gladwin
Die englische Originalausgabe ist bei Pierrot Publishing Limited, London, erschienen.

Aus dem Englischen von Klaus Mahn

Agentur: Transgalaxis, 6382 Friedrichsdorf/Ts.
Redaktion: G. M. Schelwokat
Die deutsche Ausgabe erfolgt mit Einverständnis von Pierrot Publishing Limited, London.

Satz: Utesch, Hamburg
Druck und Bindung: New Interlitho S.p.A., Milano
Printed in Italy
ISBN 3-8118-2005-2

INHALT

Einleitung

Fremdheit, Fremdartigkeit, das Unirdische – diese drei bilden ein zentrales Motiv der Science Fiction. Man öffne irgendeinen SF-Roman, und irgendwo auf der durch Zufall ermittelten Seite finden sich beschreibende Hinweise oder anomale Verhaltensmuster, die auf die Anwesenheit des Fremden hinzeigen. Die Personen mögen normal erscheinen und sich auf begreifliche und akzeptable Weise ausdrücken und verhalten, aber es stellt sich bald heraus, daß sie dies vor einem Hintergrund tun, der alles andere als normal ist. Sicherlich gibt es Ausnahmen – Thomas M. Dischs *334* ist ein hervorragendes Beispiel –, d. h. SF-Geschichten, die von erkennbaren Charakteren in einer vertrauten Umwelt handeln (New York ein paar Jahrzehnte in der Zukunft, im Fall des Disch-Romans). Aber bei weitem die Mehrzahl der SF-Erzählungen spielen entweder an phantastischen Orten oder transportieren phantastische Ereignisse an bekannte Orte. SF-Welten sind fremdartige Welten. Die Erde wird durch eine Katastrophe oder den langsamen Prozeß der Zeit transformiert; herkömmliche Lebensweisen werden durch die Ankunft fremder Besucher gestört; Pionierkolonisten erforschen exotische Planeten unter fernen Sonnen. Dieses Buch faßt ein paar der wundererfüllten, fremden Landschaften ins Auge, die man auf den Seiten der modernen Science Fiction findet.

Die Vorstellung von Besuchen auf anderen Welten ist fast so alt wie der Gedanke, daß es andere Welten überhaupt gibt. Der erste fiktive Bericht über eine Reise zum Mond stammt aus dem zweiten Jahrhundert n. Chr. Danach folgte eine Pause, die weit mehr als eintausend Jahre dauerte, aber im 19. Jahrhundert waren Beschreibungen von Reisen zum Mond, zum Mars oder zur Venus nichts Ungewöhnliches mehr. Was die Reisenden bei ihrer Ankunft vorfanden, unterschied sich indes im allgemeinen nicht sehr von dem, was sie am Ort ihres Aufbruchs zurückgelassen hatten. Die Erzählungen, die an diesen von der Erde anderswohin versetzten Örtlichkeiten spielten, waren satirisch oder utopisch – Repräsentanten der belletristischen Schule, die sich mit der Veröffentlichung von Thomas Mores *Utopia* im frühen 16. und Jonathan Swifts *Gullivers Reisen* im frühen 18. Jahrhundert etabliert hatte. In Mores Buch kehrt ein Reisender von einer fernen Insel namens Utopia zurück und erstattet Bericht über die vollkommene Gesellschaftsordnung, die die dortigen Bewohner eingerichtet haben. In Swifts Roman bildet eine Serie phantastischer Örtlichkeiten – eine Zivilisation von Liliputanern, ein Land der Riesen, eine schwimmende Insel und so weiter – den Hintergrund für des Autors schneidenden Kommentar über seine eigene Gesellschaft.

Wären sie Autoren der 1970er Jahre gewesen, hätten More und Swift ihre Erzählungen wahrscheinlich auf anderen Welten in Szene gesetzt. Aber bis zum frühen zwanzigsten Jahrhundert gab es auf der Karte der Erde noch genügend weiße Flecke, um den Autoren die Ansiedlung beliebiger Phantasiezivilisationen zu gestatten. Als der westliche Mensch sich jedoch immer intensiver mit der sogenannten Entdeckung abgelegener Teile des Globus (die ihren Bewohnern durchaus vertraut waren) beschäftigte, wurde dies immer schwieriger. Immerhin war es H. Rider Haggard – und vielen Nachahmern – noch möglich, eine uralte Zivilisation in einem verlorenen afrikanischen Tal *(She,* 1887) zu entdecken, oder Sir Arthur Conan Doyle, eine Enklave prähistorischer Ungeheuer auf einem Plateau im südamerikanischen Dschungel einzurichten *(The Lost World,* 1912). In der Tat entwickelte sich das Thema von der „verlorenen Rasse“ in den frühen Jahren dieses Jahrhunderts zu einer eigenen und beliebten literarischen Untergattung, die sich am nachhaltigsten – dank Hollywood – in *King Kong* und *Lost Horizons* manifestierte.

Eine Schule der Science Fiction riß derart exotische Kulissen für romantische Abenteuer einfach mit der Wurzel aus dem Boden und transportierte sie physisch auf andere Planeten. Besonders Mars und Venus entwickelten sich zu Repräsentanten der neuen Grenze. Die allgemeine Vorstellung von Mars zur Zeit der Jahrhundertwende war die, die Lowell und Schiaparelli, beides Astronomen, verbreitet hatten – eine alternde Welt mit grünlichen Flecken, die Vegetation andeuteten, deutlich sichtbaren Eiskappen auf den Polen und dem berühmten Netzwerk der „Kanäle“ (eine Fehlübersetzung, die sich alsbald in der Phantasie der Öffentlichkeit einnistete). Venus, zum Gegensatz, war eine junge, in Wolken gehüllte Welt mit feuchter Atmosphäre und nasser Oberfläche. Von beiden Planeten nahm man an, sie besäßen atembare Atmosphären (es gab damals keinen Anlaß, etwas anderes anzunehmen). Der bedeutendste Exponent solcher Abenteuer war Edgar Rice Burroughs, dessen erste Mars-Geschichte im Jahr 1912 erschien. Burroughs braute ein exotisches Gemisch aus stattlichen Palästen und wunderschönen Prinzessinnen, Schurken von unübertroffener Bösartigkeit, einer fremdartigen Flora und Fauna und galoppierendem Abenteuer. (Er war außerdem ein Meister der abgesägten Enden und versicherte sich so einer begierigen Leserschaft für jeden Nachfolgeroman.)

Diese Art von Erzählung wird manchmal Science Fantasy genannt, obwohl sie keine erkennbare Spur von „science“ enthält. Die Geschichte lebt in erster Linie vom Abenteuer. Der Hintergrund versorgt die Geschehnisse mit Farbe und läßt der Vorstellungskraft des Autors freies Spiel, will aber nicht ernstgenommen werden. Es ist das Land Nirgendwo, das, während unser Wissen um das Solsystem zunimmt, immer weiter in die Galaxis hinaus verbannt wird, oder auf die imaginären Parallel-Erden der Sword-and-Sorcery-Geschichten. Das Werk Leigh Bracketts – der vielleicht erfolgreichsten Schriftstellerin der Burrough'schen Schule – bietet uns ein deutliches Beispiel. Bis in die frühen 1950er Jahre konnte sie von Mars noch als von einer uralten, exotischen, dekadenten Welt schreiben, hauptsächlich in den Chroniken des Abenteurers Eric John Stark. Als sie aber Stark in den siebziger Jahren, nach zwanzigjähriger Unterbrechung, wiederaufnahm, da war sie gezwungen, ihn auf den fernen Planeten einer anderen Sonne anzusiedeln, wo alles noch theoretisch möglich ist. Andere Autoren, wie zum Beispiel Marion Zimmer Bradley in ihrer beliebten Darkover-Serie, produzierten ähnliche Science-Fantasy-Abenteuer. In ihren schlimmsten Auswüchsen begnügten sich solche Erzählungen damit, den Wilden Westen oder den geheimnisvollen Orient auf andere Planeten zu transportieren; unter der Feder von Autoren wie Brackett und Bradley verschafften Einfallsreichtum und Vorstellungskraft diesem Format das Recht, sich als eigene Gattung zu etablieren.

Auch in der reinen Fantasy stoßen wir auf erfundene Welten, und es ist oft schwer, zwischen Fantasy- und SF-Szenerie zu unterscheiden. Andre Nortons Witch-World-Serie benützt einen Rahmen, der eindeutig der SF angehört, obwohl die Abenteuer reine Fantasy sind, komplett ausgestattet mit Zauberern und Magie. Auf der anderen Seite benützen Anne McCaffreys Dragonrider-Erzählungen einen Fantasy-Abenteuer-Hintergrund (riesige feuerspeiende Drachen und Wesen, die auf ihnen reiten), um davor eine sorgfältig rationalisierte Science-Fiction-Handlung abrollen zu lassen. Es gibt keine klar definierte Grenze. Die Welten der Fantasy sind gewöhnlich – ohne Zweifel zum Teil in Anlehnung an den *Herrn der Ringe* – gut kartographiert, während die Mehrzahl der SF-Welten geographisch weitaus verschwommener erscheinen (Ausnahmen sind Arrakis und Pern). Der Grund dafür mag, zumindest teilweise, darin liegen, daß die Welten der Fantasy der Erde in den meisten Einzelheiten ähnlich sind und der eigentliche Unterschied erst durch die Einführung von Elementen aus Mythos und Legende entsteht. Die Helden reiten Rösser über Wiesen in Richtung eines steinernen Schlosses. Und wenn ihnen auch unterwegs von Trollen, Gnomen und Hexenmeistern aufgelauert wird, so bedarf die Welt doch eines genau beschriebenen physischen Umrisses, damit der Leser merkt, daß es nicht die Erde ist.

Welten der Science Fiction dagegen sind mehr als nur eine Kulisse für phantastische Abenteuer. In einem gewissen Sinn können sie sogar die zentrale Figur einer Erzählung sein. Manche SF-Autoren und -Kritiker behaupten, gewöhnlich zu ihrer Verteidigung, SF könne nicht mit Hilfe der üblichen literarischen Kriterien beurteilt werden, weil die *Idee* die Hauptrolle spiele und herkömmliche Literaturkritik nicht dazu ausgerüstet sei, Werke dieser Art zu beurteilen. Im allgemeinen klingt dieses Argument nicht überzeugend, aber sicherlich sind Örtlichkeiten wie Mesklin, Ringwelt, Arrakis und Rama in hohem Grade die Hauptdarsteller der Erzählungen, die sich mit ihnen befassen. SF-Welten nehmen auch symbolische Funktion an – wie zum Beispiel in Ursula LeGuins *The Dispossessed,* wo die Zwillingswelten Urras und Anares, die eine tropisch reich, die andere dürr, einen Bezug zu der ausbeuterischen Gesellschaftsform auf der einen und der asketischen auf der anderen herstellen – oder sie dienen als Korrelative, die Ideen oder psychologischen Zuständen physischen Ausdruck verleihen. Sie werden zum Prüffeld des Menschen im Kampf gegen seine Umgebung, oder sie demonstrieren den Stellenwert und die relative Bedeutung der Menschheit im Rahmen eines größeren Universums. Die allgemeine Lage der SF-Szenerien ist stets gut definiert – gewöhnlich etliche Lichtjahre vom Solsystem entfernt –, und die verschiedenartigen physischen Gegebenheiten werden deutlich beschrieben: Es sind nämlich diese, weitaus mehr als die genauen geographischen Gegebenheiten, die uns typischerweise interessieren. Die Vielfalt fremder Landschaften ist immens und läßt sich nicht ohne weiteres in Kategorien einteilen. Nichtsdestoweniger ist es uns möglich, ein paar Muster, die immer wiederkehren, zu identifizieren.

Irdische Extreme Eine Methode, eine fremde Welt zu entwerfen (und oft auch das Motiv für die Anfertigung eines solchen Entwurfs), besteht darin, einen extremen Aspekt der Umweltbedingungen der Erde zu extrapolieren und damit einen ganzen Planeten zu erfüllen. Es ist dem phantasiebegabten Autor sodann möglich, eine Zivilisation zu zeichnen, die zu diesen Bedingungen paßt, und dabei auf den mildernden Umstand eines angenehmeren

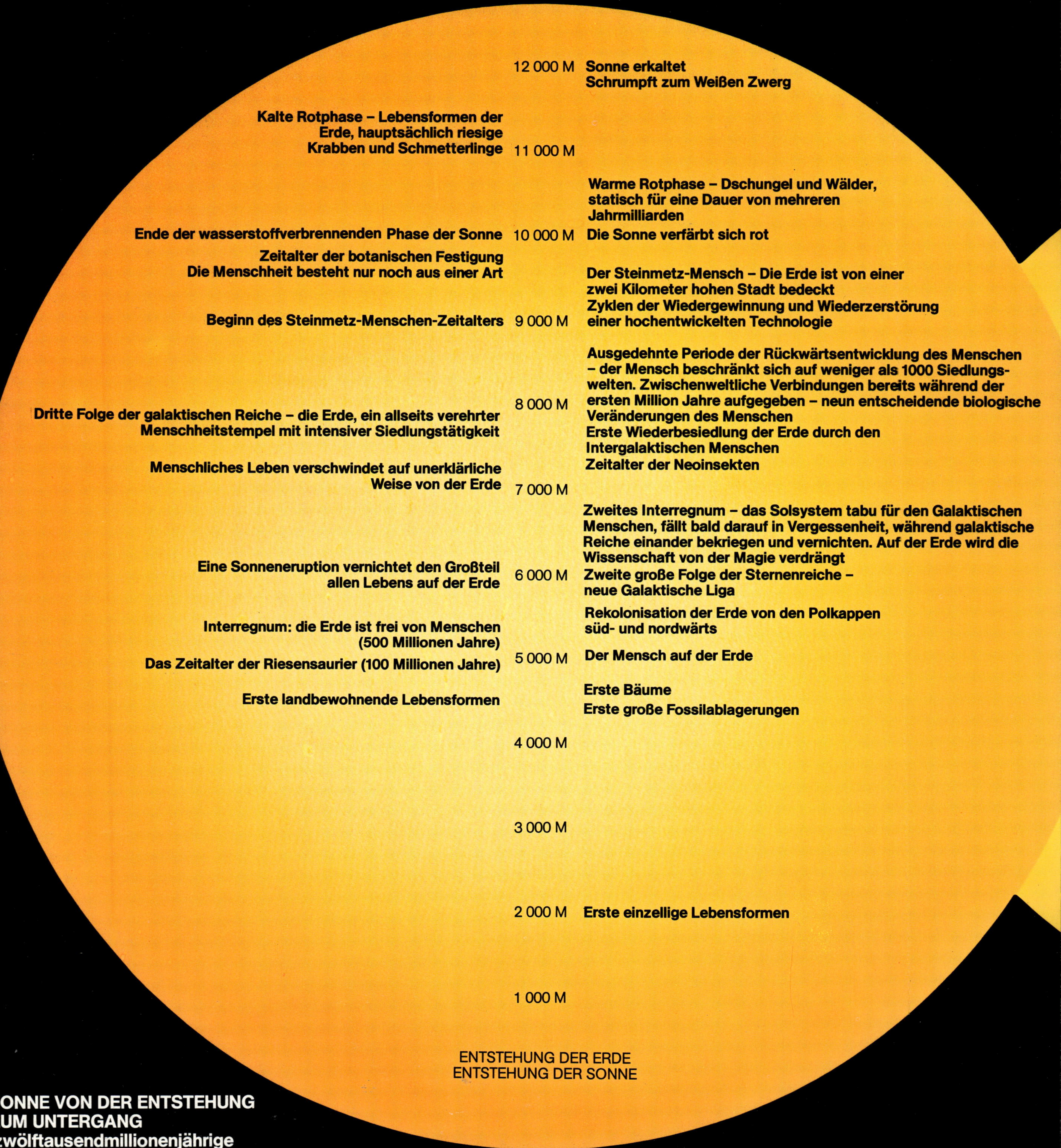

DIE SONNE VON DER ENTSTEHUNG BIS ZUM UNTERGANG
(Die zwölftausendmillionenjährige Geschichte der Sonne)

Galaktische Zeittafel

	1 000 000 n. Chr.	Der Galaktische Mensch vergißt die Erde
eitalter der Geister ie Eloi sterben aus	900 000 n. Chr.	Die Erde ist verlassen
	800 000 n. Chr.	Die Morlocke werden ausgerottet Die Erde zur verbotenen Zone erklärt
ion zur Erde ruft im en Oberkommando Entsetzen hervor	700 000 n. Chr.	Aufstieg der Morlocke – die Menschheit in zwei Unterarten eingeteilt – die Eloi an der Oberfläche, die Morlocke unter der Erde
iederaufnahme der Beziehungen durch nisten aus anderen Galaxien	600 000 n. Chr.	Handelsfreiheit in der Milchstraße völlig wiederhergestellt
	500 000 n. Chr.	Der Sturz des Reiches – die Milchstraße beginnt 100 000 Jahre Primitivität
s Goldene Zeitalter der Milchstraße – das Reich auf dem punkt seiner Macht	400 000 n. Chr.	Invasion der Milchstraße durch nichthumanoide Fremde – 20 000jähriger Kampf um die Vorherrschaft. Das Reich zerfällt – die Epoche der Kriege und der Isolation –
	300 000 n. Chr.	das Reich von wechselnden Interessengruppen beherrscht
„Flotte der Milliar-den Schiffe" bringt Menschen in die bargalaxis – keines chiffe kehrt zurück	200 000 n. Chr.	Trantor wird gegründet und erwirbt Bedeutung (ungefähre Zeitangabe)
	100 000 n. Chr.	Aufstieg des ersten Galaktischen Reiches
0jährige Bemühung hrt zur Entwicklung des Hyperantriebs	Jahr 1 n. Chr.	Explosive Besiedlung der Milchstraße mit Hilfe überlichtschneller Raumschiffe
		Cro-Magnon-Mensch
Eiszeit	100 000 v. Chr.	Neandertaler
	200 000 v. Chr.	
Eiszeit	300 000 v. Chr.	
	400 000 v. Chr.	
Eiszeit	500 000 v. Chr.	Homo erectus – Peking-Mensch – Gebrauch des Feuers
	600 000 v. Chr.	
Eiszeit	700 000 v. Chr.	
	800 000 v. Chr.	
	900 000 v. Chr.	
Eiszeit		Einfache Steinwerkzeuge – Australopithecus
	1 000 000 v. Chr.	Der Mensch entsteht

	10 000 n. Chr.	Der Mensch macht Anstalten, explosiv in die Milchstraße zu expandieren
Besiedlung zahlreicher Welten, darunter Pern und Mesklin		
Der Tag des Wiederbeginns – der Mensch reist zum Mond		Beginnende Ausbreitung der Menschheit, Anflug nahe gelegener Sterne
	5000 n. Chr.	Technologischer Stillstand
Hypothetischer Untergang des Universums		Der introvertierte Mensch vergißt die Sterne
		Zeitalter der Generationenschiffe
Entdeckung der Ringwelt		Der Mensch trifft auf die Puppenspieler
Entdeckung von Rama		Die ersten Okie-Städte
Der Mensch landet auf dem Mond		Die Europäer entdecken Amerika
		Die Normannen erobern England
Untergang des Römischen Reiches		König Arthur
	Jahr 1 n. Chr.	Christus auf der Erde
		Aufstieg des Römischen Reiches
Eisenzeitalter		Salomon – Konfuzius – das Assyrische Reich
Beginn der Arbeiten an Stonehenge		Die Großen Pyramiden – Bronzezeitalter – Hieroglyphen-Alphabet
Die Zivilisation von Mykene – Moses		
Der Gebrauch des Rades allgemein verbreitet	5000 v. Chr.	Erfindung des Alphabets – erste Verwendung des Kupfers – Jungsteinzeit im westlichen Europa (Megalithen-Kultur)
		Beginn der Jungsteinzeit – Haustiere – Entstehung der Dorfsiedlungen – Anbetung der Muttergottheit
Beginn der Landwirtschaft		
Der Mensch wendet sich vom Nomadendasein ab – die Erde nahezu eisfrei	10 000 v. Chr.	Späte Jägerkulturen – die Mittlere Steinzeit und die Kulturen der Höhlenmalerei gehen zu Ende

1 000 000 V. CHR. BIS 1 000 000 N. CHR.

12 000 V. CHR. BIS 10 000 N. CHR.

Klimas hinter den Bergen oder jenseits der See zu verzichten. Beispiele dafür sind – zusammen mit vielen anderen – Gethen in Ursula LeGuins *The Left Hand of Darkness* und die Titelwelt in Jack Vances Roman *The Blue World*. In LeGuins Buch finden wir eine Welt des ewigen Winters mit antarktischen Bedingungen (das Bild ist zugegebenermaßen von den Reiseberichten einiger Polarforscher beeinflußt). Aber der Roman ist weitaus mehr als ein Abenteuer, das sich unter harten Umweltbedingungen abspielt: LeGuin produziert eine komplexe und bewegende Geschichte, die sich vor der winterlichen Kulisse abwickelt. Weiterhin verschafft sie sich dadurch die Möglichkeit, ihre beiden Zentralgestalten in einer Atmosphäre der Abgeschlossenheit und physischer Entbehrungen miteinander zusammenzubringen, in der sie gezwungen sind, eine lange Wanderung zu unternehmen – eine Episode, die für den Roman eine wesentliche Rolle spielt. Hintergrund und Erzählung greifen ineinander: Das Format der Erzählung wird vom Hintergrund geprägt, aus ihm schöpft sie ihre Stärke.

Vances Roman präsentiert einen Planeten, dessen gesamte Oberfläche aus Ozean besteht. Seine Bewohner – das Volk der Dahintreibenden – führen auf Gruppen von riesigen Seerosenblättern ein sorgloses Leben. Hier wird der Szenerie mehr Beachtung geschenkt – das Zeichnen ausgefallener und farbenfroher Welten und Gesellschaftsformen ist Vances Stärke –, aber die Erzählung selbst ist eine kuriose und mit Vergnügen zu lesende Wiederaufarbeitung des „Tapferen Schneiderleins", voll industrieller Revolution, deren Einzelheiten mit zufriedenstellender Einsicht geschildert werden. (Wie gewinnt man Metall auf einem Planeten, dessen einziges „Festland" aus einer Gemüsemasse besteht und der keine abbaubaren Erzablagerungen besitzt?)

Aber das hervorragendste Beispiel dieser Art des Planetenbaus ist gewiß Frank Herberts Arrakis, der Hintergrund für die *Dune*-Trilogie. Arrakis ist eine Welt der absoluten Wüste, so ausgetrocknet, wie es kein Planet mit auch nur halbwegs nennenswerten Vorräten freien Wassers sein kann. Wasser ist in der Tat giftig für die hauptsächliche eingeborene Lebensform, den riesigen Sandwurm. Herberts Zivilisation wird zur Gänze und notwendigerweise von der extremen Härte der Umweltbedingungen geformt, wobei das Überleben davon abhängt, daß man die Notwendigkeit, Wasser zu beschaffen, keine Sekunde lang aus dem Auge läßt. Die Lebensgewohnheiten der Menschen sind durch diesen Imperativ bedingt; selbst die Sprache, die Herbert ihnen verleiht, spiegelt ihre Welt mit überzeugendem Einfallsreichtum wider (z. B. in der Vielzahl der Ausdrücke, mit denen sie ein Ding belegen, für das es in unserer Sprache nur ein einziges kurzes Wort gibt – „Sand"). Das Resultat ist eine Welt, die uns im wahrsten Sinne als *belebt* erscheint, für den Leser so wirklich, wie sie es offenbar für ihre Bewohner ist. Ohne Zweifel spielt dieser Faktor bei dem phänomenalen Erfolg der Trilogie eine wichtige Rolle.

Wissenschaftliche Welten Eine der herkömmlichen Vergnügungen des eingefleischten Science-Fiction-Schreibers ist das Erfinden von Gegenständen, die funktionieren oder den Leser wenigstens in überzeugender Weise glauben machen, daß sie funktionieren könnten.

Ein solcher Schriftsteller wird, wenn er sich mit der Notwendigkeit, einen fremden Planeten zu erschaffen, konfrontiert sieht, sich dieser Aufgabe vom Punkt Null an widmen. Er wählt die Größe und den Typ des Zentralgestirns, bestimmt plausible Umlaufbahnen für seine Planeten, stattet seine Welt mit chemischen Elementen in glaubhaften Dosen aus und entwirft eine Atmosphäre und ein Klima, mit denen man etwas anfangen kann. Sodann erschafft er eine mögliche Biosphäre. Ein solcher Autor wird sich dem Akt der Planetenschöpfung wahrscheinlich unter Hinzuziehung eines Taschenrechners und einschlägiger Tabellen widmen – und ganz offensichtlich besitzt im allgemeinen nur ein Autor, der nebenbei noch ausgebildeter Wissenschaftler ist, die Fähigkeit, eine solche Aufgabe zu lösen. Einige Schriftsteller – zum Beispiel Poul Anderson – betrachten eine solche Beschäftigung als Selbstverständlichkeit, selbst wenn der Planet in der Erzählung, die sie zu schreiben beabsichtigen, nur eine untergeordnete Rolle spielt. Als Begründung wird angeführt, daß der Autor alle diese Daten kennen sollte, selbst wenn er nicht die Absicht hat, sich darüber zu verbreiten.

In der Ansicht der Allgemeinheit ist Hal Clement der Meister der wissenschaftlich fundierten Planetenerschaffung. Geniale, fremdartige Schöpfungen spielen gewichtige Rollen in Romanen wie *Cycle of Fire* und *Close to Critical,* aber seine größte Leistung ist unzweifelhaft der ausgefallene Planet Mesklin, womöglich die seltsamste Welt, die je von der Science Fiction erfunden wurde. Als Clement von einer Unregelmäßigkeit in den Umlaufbahnen der Doppelstern-Komponenten 61 Cygni B las, leitete er daraus die Möglichkeit der Existenz eines großen, rasch rotierenden Planeten als eines dritten Mitglieds des Systems ab. Daraufhin machte er sich daran, die Welt zu entwickeln, wobei er wichtige geophysikalische und geochemische Faktoren in Betracht zog, um eine denkbare Form intelligenten Lebens zu erschaffen. Der diskusförmige Planet mit einer Gravitation, die an den Polen Hunderte von Malen intensiver ist als am Äquatorrand, schuf einen erzählerischen Vorwurf, der die handelnden Personen förmlich dazu zwang, sich in Bewegung zu setzen, ihre Welt zu erforschen und sie dem Blick des Lesers zu eröffnen. Das Resultat ist ein Meisterstück phantasiebeflügelter Erzählkunst.

Welten mit Wachstum Manchmal erfinden Autoren eine Welt zur Verwendung in einer bestimmten Erzählung und ertappen sich dann später dabei, wie sie immer wieder dorthin zurückkehren, weil die Idee einfach mehr hergibt, als sie es ursprünglich erwarteten. Anne McCaffreys Pern scheint ein solcher Ort zu sein. Die ursprüngliche Idee war, Bedingungen zu schaffen, die die Existenz feuerspeiender Drachen als echter Geschöpfe anstatt als Sagenfiguren ermöglichten. Die Faktoren, die diesem Entwurf Plausibilität verliehen – die Erzeugung von Phosphorwasserstoff-Gas in den Mägen der Drachen und die räuberischen Fädenpilze, zu deren Bekämpfung sie sich des Feuers bedienen –, wurden logisch abgeleitet; aber die ersten Erzählungen, die später zu dem Roman *Dragonflight* verschmolzen, waren romantische Abenteuer, in denen der physikalische ebenso wie der gesellschaftliche Hintergrund noch mit breitem Pinsel gemalt wurde. Als die Serie sich weiterentwickelte, wurde die Welt mit immer neuen Einzelheiten ausgestattet und wuchs zu einem soliden, wohldurchdachten Gebilde – zum Beispiel in der komplexen Struktur der Zunftburgen und der Musikzünfte. Jetzt, nach fünf Büchern, kann sie sich an Wirklichkeitsnähe und Gliederung mit jeder anderen erfundenen Welt messen. Diese Art der Weltenerschaffung ist eindeutig Top-down – im Gegensatz zu Bottom-up –, wobei der Autor seine eigene Schöpfung gewissermaßen zusammen mit den Helden seiner Erzählung erforscht und kennenlernt. Es ist genau das Gegenteil der Vorgehensweise, die Hal Clement benützt.

Ein ähnliches Beispiel ist Marion Zimmer Bradleys Darkover-Serie, die als exotisches Abenteuer der Science-Fantasy-Kategorie begann, die jedoch in den jüngsten Romanen weitaus größere Komplexität entwickelte, wodurch der Autorin die Möglichkeit gegeben wurde, vor diesem Hintergrund wirkliche Romane anstatt Abenteuergeschichten zu schreiben.

Künstliche Welten Wenn ein Autor sich an seinen Schreibtisch setzen und eine Welt aus dem Nichts planen und bauen kann, warum sollte man dann nicht eine fortgeschrittene Zivilisation postulieren dürfen, die eben dieses vollbringt? Solche Konstruktionen erfreuen sich in der modernen SF wachsender Beliebtheit, und ihre Zahl wächst proportional mit dem Interesse an solchen Ideen, wie sie von spekulativen Wissenschaftlern entwickelt werden. So schlug Freeman Dyson zum Beispiel vor, daß ein technisch hochentwickeltes Sternenvolk, das jedoch die interstellare Raumfahrt noch nicht beherrscht, zur Maximierung der nutzbaren Sonnenenergie wohlberaten sei, wenn es die äußeren Planeten seines Systems in ihre Bestandteile auflöse und diese zum Bau einer mächtigen, das gesamte Sonnensystem einschließenden Kugelschale verwende. Es erhielte dadurch genug Lebensraum, um die Entwicklung selbst einer höchst fruchtbaren Art über lange Zeit hinaus zu sichern. Er dachte dabei nicht wirklich an eine *solide* Kugelschale – das wäre eine ingenieurtechnische Unmöglichkeit –, sondern eher an einen lockeren Schwarm von Planetenbruchstücken. Dieses Detail hielt indes die Science-Fiction-Autoren nicht davon ab, mit künstlichen Planeten aufzuwarten, die auf der Basis der Dyson-Kugel entstanden waren – siehe Larry Nivens *Ringworld* und Bob Shaws *Orbitsville.* Von diesen zweien ist besonders Niven an den physikalischen Einzelheiten seiner Schöpfung interessiert (diese ist nicht eine Kugel, sondern, wie der Titel des Romans verrät, eine aus einer Kugel herausgeschnittene Scheibe, immerhin noch mit fast zwei Millionen Kilometern Durchmesser!).

In ähnlicher Weise sind Vorschläge für Raumkolonien und Raumarchen gemacht worden (wobei die letzteren im Grund genommen nur bewegliche Versionen der ersteren darstellen). Diese sind ganze in sich abgeschlossene, autarke Welten, die entweder in einer Umlaufbahn um die Sonne verbleiben oder generationenlange Reisen zu anderen Sternen unternehmen. (Während solcher Reisen tritt in der klassischen Abhandlung solcher SF-Themen, wie etwa in Heinleins *Orphans of the Sky* oder Aldiss' *Nonstop,* ein Rückfall in die Barbarei ein, und der Zweck der Reise – wenn nicht gar der Umstand, daß man sich auf einer Reise befindet – gerät in Vergessenheit.) Der bevorzugte Bauplan sieht einen ausgehöhlten Asteroiden vor oder auch einen künstlichen Zylinder oder einen Hohlring; das Gebilde wird in Drehung versetzt, um künstliche Gravitation zu gewinnen. Im Innern befindet sich eine täuschend natürlich aussehende Welt, bis dem Betrachter auffällt, daß der Horizont sich aufwärts krümmt und es Bäume und Gebäude gibt, die senkrecht von der „Decke" herabhängen... Während Wissenschaftler wie Gerard O'Neill von der Universität Princeton und Gruppen wie die L-5-Gesellschaft zum Bau der ersten wirklichen Raumkolonie drängen, untersuchen Science-Fiction-Autoren die entsprechenden Ideen in Romanen wie *Captive Universe* und *Rendezvous with Rama.* Aber keine künstliche Welt kann sich in der Großartigkeit ihrer Konzeption mit den fliegenden Städten in James Blishs „Okie"-Serie messen.

Die Fremde Erde Natürlich ist es durchaus möglich, eine fremde Landschaft zu erzeugen, ohne je von Hause fortzugehen. Man braucht nicht mehr zu tun, als die Erde zu verändern. Ein solches Vorhaben ist nicht ohne Risiko: Nichts verrät sein Alter so rückhaltlos wie überalterte Visionen der Zukunft – siehe die Zukunftsphantasien, die für immer auf den Umschlägen der frühen SF-Heftchen festgehalten sind. Irgendwie kommt einem das phantastische Bild einer futuristischen Stadt weitaus älter als nur vierzig oder fünfzig Jahre vor, wenn man den propellergetriebenen Doppeldecker entdeckt, der quer durch den Vordergrund flitzt.

Natürliche oder vom Menschen erzeugte Katastrophen können radikale Veränderungen hervorrufen, wie J. G. Ballard in seinem Roman-Trio *The Drowned World, The Drought* und *The Crystal World* zeigt, in dem die Erde den Romantiteln entsprechenden Veränderungen unterworfen ist. Eine andere Möglichkeit ist, die Umkrempelung der Erde von der Zeit vornehmen zu lassen. Wenige Welten wirken fremdartiger als die Erde der fernen Zukunft in Aldiss' *Hothouse,* wo der Mond stationär relativ zur Erde ist und riesige Spinnen ihre Netze zwischen beiden spinnen. Und wenige sind in ihrer Düsterkeit überzeugender als die Vision einer sterbenden Welt, die H. G. Wells in *The Time Machine* beschreibt, dem womöglich ersten wirklich klassischen SF-Roman der Neuzeit. Auf der gewaltigen Zeitskala, die in diesen Büchern benützt wird (oder in anderen, z. B. William Hope Hodgsons *The Night Land* oder Olaf Stapledons *Last and First Men),* schrumpft die Geschichte der Menschheit, wie wir sie kennen, zu einem kurzen Flackern in der Unendlichkeit der Zeit.

* * * *

In der Literaturgattung Science Fiction gibt es eine zentrale Streitfrage, die von Zeit zu Zeit zur Entstehung irreführender Kategorisierungen wie „technische SF" gegenüber „phantastischer SF", „Alte Welle" gegenüber „Neuer Welle" beiträgt. Sie hat mit der Bedeutung zu tun, die dem wissenschaftlichen Realismus auf der einen und der schöpferischen Freiheit auf der anderen Seite beigemessen wird. Wir haben die Methode untersucht, mit der gewisse Autoren ihre erfundenen Handlungsschauplätze in wissenschaftlichem Detail aufbauen. Andere Schriftsteller mögen anführen, daß die Beschaffenheit einer Phantasiewelt dem Zweck anzupassen sei, dem sie zu dienen habe, als Hintergrund oder Symbol, und daß es nicht die geringste Rolle spiele, ob diese Schöpfung wissenschaftlich haltbar sei oder nicht, solange sie keine Störung im Zusammenhang hervorrufe. Die Antwort des wissenschaftlich eingestellten Kritikers darauf ist, daß solche Unmöglichkeiten *immer* stören – aber dabei handelt es sich um den spezialisierten Einwand eines spezialisierten Teiles der Leserschaft. Solche Kritik ist *Hothouse* gegenüber geäußert worden, und sie besitzt in der Tat technische Gültigkeit: Es *ist* undenkbar, daß Spinnen ihre Netze von der Erde bis zum Mond spannen. Die Tatsache bleibt jedoch bestehen, daß es gerade diese eine Vision war, die den Anlaß zum ganzen Roman gab – von dem kein Leser ernsthaft annimmt, daß er eine Entwurfszeichnung für eine zukünftige Erde sei – und die für die Erzählung wesentlich und zentral ist.

Es ist unmöglich, erfundene Welten nur aus dem Blickwinkel der exakten Physik zu sehen (wenn es auch Spaß macht, so zu tun, wie wir es in diesem Buch getan haben, als gäbe es sie wirklich). Viele unter ihnen sind in demselben Maß in der Psychologie des Menschen verwurzelt. Man erkennt das an der Wiederholung gewisser Motive. Man nehme eine dürre Landschaft aus Sand, Fels und Erosion, die so verschiedenartige Talente wie Salvador Dali, T. S. Eliot und J. G. Ballard angelockt hat. Eine solche Szene erzeugt und reflektiert Gefühle der Verlassenheit und der Leere, der psychologischen Dürre. Auch in einem Handlungsschauplatz wie Arrakis kommt das zum Ausdruck; gleichgültig, wie präzise die physikalischen Einzelheiten ausgearbeitet wurden, die Assoziationen lassen sich nicht verdrängen.

Ein weiteres Beispiel ist die Welt in Ruinen. Wir sehen dies auf Trantor, in den Spätphasen der Asimovschen *Foundation*-Trilogie: der absolute Höhepunkt menschlicher Technologie – ein Planet, der gleichzeitig eine einzige riesige Stadt ist – im Zustand des Zerfalls und des Sterbens. Wir sehen (zum Beispiel in den Erzählungen von der fernen Zukunft) die Hilflosigkeit des Menschen den starken Kräften der Zeit und der Entropie gegenüber. Eine in Trümmer sinkende Welt ist ein perfekter Spiegel für das Gefühl des Verlusts oder des Kummers. Man nehme zum Beispiel George R. R. Martins *Dying of the Light,* wo die sterbende Welt Worlorn zur Komplementierung und Stärkung einer Geschichte von verlorenen Hoffnungen und enttäuschter Liebe dient.

Aber wie immer auch eine fremde Landschaft ins Leben gerufen worden sein mag – sei es durch sorgfältige Berechnung und Spekulation, wo der Autor ein Experte der Astrophysik, Chemie, Biologie, Linguistik und etlicher anderer Wissensgebiete sein muß, oder sei es mit einem Federstrich der ungezügelten Phantasie –, *eine* Erkenntnis unterliegt keinem Zweifel. Es gibt wenige Dinge in der Science Fiction, die Leser und Schreiber in gleicher Weise so begeistern wie eine fremde Landschaft – natürlich oder künstlich, auf einer Erde der Zukunft oder weit draußen in der Milchstraße –, solange sie nur geschickt und mit Überzeugungskraft dargestellt wird.

Quellenhinweise

Dieses Buch wäre ohne die schöpferische Leistung der Autoren, deren Phantasiegebilde auf den folgenden Seiten dargestellt werden, nicht möglich gewesen. Unser Dank und unsere Achtung gelten ihnen allen. Wenn Sie die Bücher gelesen haben, aus denen diese Landschaften hervorgehen, so hoffen wir, daß unsere Interpretierung Ihnen zusagt. Falls Sie sie nicht gelesen haben, dann wünschen wir uns, daß unser Buch Ihnen den Ansporn gibt, dies baldigst nachzuholen.
Die Quellenromane sind wie folgt:

Rama	Rendezvous with Rama von Arthur C. Clarke
Pern	Dragonflight Dragonquest Dragonsinger Dragonsong The White Dragon von Anne McCaffrey
Okie-Städte	They Shall Have Stars A Life for the Stars Earthman, Come Home A Clash of Cymbals von James Blish
Mesklin	Mission of Gravity Star Light von Hal Clement
Eros	Captive Universe von Harry Harrison
Arrakis	Dune Dune Messiah Children of Dune von Frank Herbert
Ringwelt	Ringworld von Larry Niven
Trantor	Foundation Foundation and Empire Second Foundation von Isaac Asimov
Hothouse	Hothouse von Brian Aldiss
Das Ende der Welt	The Time Machine von H. G. Wells

Rama

Der Südpol (vorangehende Seiten) Der Südpol von Rama wurde beherrscht von sieben gewaltigen, stachelartigen Vorsprüngen: einem wahren Giganten im Zentrum, der von den Erforschern „Big Horn" genannt wurde, eine Länge von fünf Kilometern besaß und in symmetrischer Anordnung von sechs weiteren Vorsprüngen umgeben war, die die Hälfte seines Umfangs besaßen. Ein Mitglied der Forschergruppe, Leutnant Jimmy Pak, erbot sich freiwillig, die Lage zu erkunden, indem er in einem ultralicht-angetriebenen Schwebegleiter, der *Dragonfly*, die gesamte Länge von Rama abflog. Als er in die Nähe der Stachelvorsprünge gelangte, fand er sich inmitten eines elektrischen Feldes von ungeheurer Intensität, das Blitzentladungen erzeugte, sein Fahrzeug fluguntauglich machte und ihn schließlich zur Bruchlandung zwang.

Die erste Begegnung der Menschheit mit einer nichtirdischen Intelligenz bleibt bis auf den heutigen Tag die geheimnisvollste. Das riesige Sternenschiff, das unter dem Namen *Rama* bekannt wurde, passierte das Solsystem im Jahr 2130 (alter Zeitrechnung) und ließ nur eine kurze Periode der Erforschung zu. Das Ergebnis der Forschungen waren viele neue Fragen und wenige Antworten. Bis auf den heutigen Tag ist unbekannt, woher *Rama* kam, welches sein Ziel war, warum es das Solsystem aufsuchte und wer seine Erbauer sind. Vielleicht diente sein Besuch lediglich dem Zweck des Auftankens; es muß während seiner langen Reise viele solcher Besuche gemacht haben. Wir wissen, daß es, als es sich zum Verlassen des Sonnensystems anschickte, der Sonne bis auf fünf Millionen Kilometer nahe kam, nachdem es zunächst einen stark reflektierenden Schirm ausgebildet hatte, der es davor bewahrte, in der Nähe der ungeheuren Hitzequelle zu schmelzen. Als es an der Sonne vorbeiflog, da nahm es, soweit wir wissen, nicht nur die Energie, sondern die Materie der Sonne selbst in sich auf! *Ramas* Reise muß eine der längsten sein, die je unternommen wurden. Projektionen seiner auf das Solsystem gerichteten Flugbahn zeigten, daß 200 000 Jahre vergangen sein mußten, seit es an der letzten Sonne vorbeikam – und diese war ein irregulär veränderlicher Stern, der unmöglich der Ausgangsort seiner Reise gewesen sein konnte. In diesem Augenblick befindet es sich irgendwo draußen in den Tiefen des interstellaren Raums, mit abgeschalteten Systemen, und wartet über die Jahrtausende hinweg, bis die Wärme irgendeines anderen Sterns es für kurze Zeit wieder zum Leben erweckt.

Die physikalischen Einzelheiten von *Rama* sind ebenso leicht verständlich wie beeindruckend. Das Raumschiff bestand aus einem Zylinder, dessen Oberfläche, abgesehen von drei zigarettenschachtelartigen Strukturen an dem Ende, an dem die Schleuseneingänge gefunden wurden, keine Gliederung besaß. Es maß fünfzig Kilometer in der Länge und zwanzig im Durchmesser. Die Hülle war etwa einen halben Kilometer dick (ihr Inhalt ist bis auf den heutigen Tag unbekannt). Die Gesamtmasse lag in der Größenordnung zehn Billionen (10^{13}) Tonnen. Das Schiff rotierte um die Längsachse und erzeugte so im hohlen Innern ein gewisses Maß künstlicher Schwerkraft.

Innerhalb des Zylinders führten an dem Ende, an dem die Schleusenöffnungen sich befanden, drei massive Treppenabgänge zum „Boden" hinab. (Dreiteilige Symmetrie war überall auf *Rama* anzutreffen.) Dieser Teil des Schiffes wurde das Nordend genannt. Am entgegengesetzten Ende, dem Südend, gab es kein solches Arrangement. Statt dessen ragte dort ein stachelartiger Auswuchs fünf Kilometer weit ins Innere. Um ihn herum wuchsen, symmetrisch nach der Art eines regelmäßigen Sechsecks angeordnet, sechs kleinere Stachel mit einer Länge von je zweieinhalb Kilometer. Ihre Funktion bleibt ein Geheimnis. Man weiß von ihnen nur, daß sie für spektakuläre elektrische Entladungen verantwortlich waren, mit denen sie die Stürme begleiteten, die innerhalb des Schiffes entstanden, als es sich während der Annäherung an die Sonne allmählich erwärmte. Die Beleuchtung wurde von sechs gewaltigen Leuchtstreifen besorgt, die an der Innenwandung des Schiffes über dessen gesamte Länge hinwegführten, unterbrochen nur durch die hervorragendste geographische Gegebenheit von *Rama*: die Zylindrische See.

Erste Begegnung (vorangehende Seite) Nachdem Leutnant Pak mit seiner *Dragonfly* in der Nähe des Südpols bruchgelandet war, hatte er als erster unter den Erforschern eine Begegnung mit einem Bioten. Dieser gehörte einer der am häufigsten vorkommenden Formen, nämlich der des Sammlers, an. Die Sammler spielten im Rahmen der Wiederaufbereitung von Abfallstoffen auf *Rama* eine wichtige Rolle. Hier zerkleinert der Biot die Überreste der *Dragonfly* mit seinen scherenähnlichen Klauen und bringt die Stücke in einer Vorratshöhlung auf seinem Rücken unter, wobei er sich einer Reihe von Extremitäten bedient, die wie menschliche Hände geformt sind.

Man stelle sich vor, auf einem Meer zu segeln, dessen östlicher und westlicher Horizont sich nach oben krümmen, bis sie hoch über den Köpfen der Segler aufeinandertreffen. Dieser die Orientierung verwirrende Anblick bot sich den unerschrockenen Erforschern von *Rama*. Es war indes ein Meer der Abwechslung.

Erstens produzierte es mitunter, während das Raumschiff Manöver ausführte, riesige Gezeitenwellen und war daher mit Antiplatsch-Platten ausgerüstet, die der raschen Dämpfung hoher Wellen dienten. Zweitens spielte es eine lebenswichtige Rolle, indem es Milliarden von Mikroorganismen beherbergte, während *Rama*, soeben wieder zum Leben erwachend, millionenjährige Prozesse der Evolution innerhalb weniger Tage nachvollzieht (siehe weiter unten).

Mehr allgemeine Beschreibung ist nicht möglich. Wir können jedoch (wenn auch mit mehr Staunen als Verständnis) einige der überraschenden Einzelheiten in Augenschein nehmen:

New York An einzelnen Punkten, weit über die Oberfläche von *Rama* verstreut, befanden sich geheimnisvolle Strukturen, denen die Erforscher die Namen terrestrischer Städte gaben. Unter diesen war New York, in der Mitte der Zylindrischen See gelegen, die interessanteste. Sie besaß drei identische Konstruktionen, die sich auf einer ovalen Basis erhoben. Jede der Konstruktionen war wiederum in drei identische Einheiten unterteilt, was bedeutete, daß die „Stadt" aus neun solcher Einheiten bestand, die Hunderte von Metern weit in die Höhe ragten. Sie schien eine gigantische Maschine zu sein, die womöglich mit der Herstellung von Bioten (siehe weiter unten) zu tun hatte, aber sie wurde nie in Tätigkeit beobachtet.

Biote Das Wort Biot ist eine Zusammenziehung der Begriffe „biologisch" und „Robot". Mit diesem Ausdruck wurden die eigenartigen lebenerfüllten Maschinen bezeichnet, die während *Ramas* Durchreise in Erscheinung traten. Als das Raumschiff sich dem Solsystem näherte, wurde allgemein angenommen, daß es ausgestorben sein müsse. Immerhin war es mindestens 200 000 Jahre lang unterwegs gewesen, und selbst die fortgeschrittensten Methoden der suspendierten Animation oder des Kältetiefschlafs lassen irreparablen Zellschaden bereits nach etlichen Jahrhunderten zu. Niemand war bereit zu glauben, bis es wirklich geschah, daß *Rama* darauf programmiert war, Leben zu erzeugen, sobald es die Bedingungen zuließen. Das erste Anzeichen war die plötzliche Vervielfältigung der Organismen in der Zylindrischen See. Diese erzeugten Sauerstoff, durch den die Atmosphäre des Schiffes wiederhergestellt wurde. Sodann erschien eine Menge verschiedenartiger Kreaturen, die die Erforscher verblüfften, indem sie an sich die Charakteristiken technischer Maschinerie ebenso wie die Merkmale organischen Lebens erkennen ließen.

Eine der am häufigsten vorkommenden Formen war der Sammler. Er war ein krebsartiges Geschöpf von etwa zwei Metern Länge. Er besaß Klauen, mit denen er verwendbare Abfallreste zerkleinern konnte. Greifwerkzeuge, die ähnlich den Händen des Menschen ausgebildet waren, deponierten das zerkleinerte Gut sodann auf seinem Rücken, und schließlich schleppte er es davon, um es entweder in die See oder in eine der drei Gruben in der Südhalbkugel (oder vielmehr dem Südhalbzylinder) von *Rama* zu schütten. Im Maul trug er offenbar eine Auswahl von Werkzeugen, und sein Panzer wirkte wie poliertes Metall. Eine zweite Spezies war die Spinne. Dabei handelte es sich im wesentlichen um ein bewegliches Wahrnehmungsgerät, das einen Körper mit drei regelmäßig angeordneten Augen besaß, der auf einem dreibeinigen, stativähnlichen Untergestell ruhte.

Die Spinne bewegte sich mit eigenartigen Wirbelmanövern, wobei sie sich jeweils, und immer in der richtigen Reihenfolge, auf einem der drei Beine drehte. Eine der Spinnen erlitt, glücklicherweise für die Erforscher, einen Unfall, wodurch sich die Möglichkeit einer Sezierung bot. Es stellte sich heraus, daß die Kreatur zwar organisch war, jedoch keinerlei Atmungs-, Verdauungs- oder Fortpflanzungsorgane besaß. Sie war mit einem komplexen Gehirn ausgestattet, aber 80 % der Körpersubstanz bestanden aus elektrischen Zellen, wie sie von gewissen terrestrischen Tieren als Verteidigungsmittel verwendet werden. Für die Spinne waren sie eine Energiequelle: Das Ganze schien nicht mehr und nicht weniger als ein elektrisch betriebenes Aufklärungsgerät, lebendig, aber ganz eindeutig nur für eine bestimmte Aufgabe entwickelt.

Viele andere Arten von Bioten wurden beobachtet: die Haifische, die alles brauchbare Material zerkleinerten, das auf irgendeine Art und Weise den Weg in die Zylindrische See fand; die Fensterputzer, die mit gepolsterten Füßen die glasähnliche Substanz der Leuchtstreifen reinigten; die beweglichen Kräne, die wie zweiköpfige Giraffen wirkten. Zu einer näheren Untersuchung bot sich indes keine Möglichkeit.

Der Glastempel Nur in eines der versiegelten, unidentifizierbaren Gebäude, die sie fanden, brachen sich die Erforscher Bahn. Drinnen waren Hunderte von kristallinen Säulen, in regelmäßigen Abständen angebracht und jede mit einem Durchmesser von etwa einem Meter. Jede Säule enthielt ein Hologramm, das nur von bestimmten Blickwinkeln aus sichtbar war. Die Anordnung der Hologramme erschien ganz und gar wahllos: Eigenartige Handwerkzeuge, Haushaltsgeräte, wissenschaftliche Instrumente und Dutzende unidentifizierbarer Geräte waren einfach zusammengeworfen. Man theoretisierte, daß das Gebäude einen Katalog ramanischer Gebrauchsgegenstände verkörpere, wobei sich die Nebeneinanderstellung ebenso wahllos ergab wie in einem Lexikon mit alphabetischer Anordnung. Unglücklicherweise mußte die Erforschung kurzfristig abgebrochen werden, als *Ramas* Systeme sich bei der Annäherung an die Sonne selbsttätig abschalteten – jedoch nicht, bevor der einzige Hinweis auf die Beschaffenheit der eigentlichen Ramaner gefunden wurde.

Die Ramaner Man fand in *Rama* kein intelligentes Wesen, auch nicht das Abbild oder Hologramm eines solchen. Aber der Glastempel zeigte einen Gegenstand, der offenbar eine ramanische Uniform darstellte, und auf dieser beruhen alle theoretischen Rekonstruktionen. Die Kreatur müßte ungefähr zweieinhalb Meter groß gewesen sein, den Kopf nicht

Die Zylindrische See (folgende Seiten) Die menschlichen Erforscher der Raumschiffwelt *Rama* befuhren die Zylindrische See auf einem Floß, das sie klug aus leeren, faßähnlichen Vorratsbehältern zusammengebaut hatten. Hier sehen wir sie, mit der komplexen Kulisse der „Stadt New York" im Hintergrund, überrascht durch das plötzliche Auftauchen eines der größten Bioten, die auf *Rama* angetroffen wurden. Die seesternähnliche Kreatur brach durch die Oberfläche, nachdem sie durch eine der heftigen Gezeitenwellen der Zylindrischen See ernsthaft beschädigt worden war, und wurde in der Folge von anderen Bioten auseinandergenommen. Im oberen Teil des Bildes, an *Ramas* „Himmel", sieht man die gewaltigen Leuchtstreifen, die das ausgedehnte Innere des Raumschiffs mit Helligkeit versorgten.

mitgerechnet (falls sie überhaupt einen Kopf besaß). Die Hüfte war sehr schmal, die „Schulter"-Gegend dagegen breit – mit einem Ausmaß von ungefähr einem Meter –, und es gab offensichtlich drei Arme und drei Beine. Ein Arrangement dieser Art hätte wahrscheinlich aufgrund der Erscheinungsform der Spinnen und der allgegenwärtigen dreiteiligen Symmetrie auf *Rama* vorhergesagt werden können.

Das wichtigste Resultat des *Rama*-Durchflugs war ohne Zweifel, der Menschheit unwiderruflich die Augen darüber zu öffnen, daß sie im Universum nicht allein war. Natürlich gab es daraufhin eine Menge Unruhe: eine tausend Jahre lange religiöse Wiederbelebung, eine kurzlebige, aber unerbittliche Zeit des Fremdenhasses, einen Sturm von Büchern, die aufgrund archäologischer Indizien beweisen wollten, daß die Erde in prähistorischen Zeiten von den Ramanern besucht worden sei. (Diese Idee war nicht ganz und gar ungerechtfertigt. Da die Ramaner offensichtlich alles dreifach taten, vermuteten etliche Wissenschaftler, daß man zwei weitere Raumschiffe erwarten solle. Aufgrund derselben Logik indes hätte *Rama* das zweite oder dritte Schiff sein können, und seine Vorgänger wären Jahrhunderte zuvor schon an der Erde vorbeigekommen.) Der Gegenstand, der heutzutage am meisten und intensivsten an *Rama* erinnert, ist indes ein Abfallprodukt, dem man den Status der Trivialität kaum absprechen kann: Kinderspielzeuge, in einer erklecklichen Zahl von Varianten, und Modellbaukästen, die zu teuren und gesuchten Sammlerartikeln geworden sind. Allseits gefragte Nachbildungen dieser Antiquitäten tragen dazu bei, daß das größte Geheimnis unserer Vergangenheit nicht vergessen wird.

Pern

Pern Eine erdähnliche Welt, die den gelben Stern Rukbat (G-Typ) im Schütze-Sektor der Milchstraße umläuft. Pern ist der dritte Planet unter insgesamt fünf, zwei ringförmige Felder mit asteroidenähnlichen Trümmerstücken (wahrscheinlich Überreste auseinandergefallener Welten) nicht mitgerechnet. Perns Hauptsiedlungskontinent (der nördliche) besteht zum großen Teil aus Bergen, zwischen denen weite, fruchtbare Flußtäler eingebettet sind, besonders in den Regionen *Crom, Telgar, Igan* und *Keroon* (allesamt von tiefgestaffeltem Hügelland begrenzt). Der Südkontinent erwies sich als zu ungastlich für eine erfolgreiche Besiedlung. Die wirtschaftliche Unselbständigkeit der *Burgen* und *Wehr-Festungen* (siehe weiter unten) im Westlichen Hochland und anderen Bergregionen war ein wichtiger Faktor; die pernesische Ökonomie war komplex und beruhte auf den Prinzipien kooperativer, wechselseitiger Abhängigkeit (siehe *Zünfte*). Die Sonne Rukbat war insofern ungewöhnlich, als sie etliche Jahrtausende vor der Ankunft der menschlichen Siedler einen irrlaufenden Planeten eingefangen hatte. Der Fremdling, eine rötlich leuchtende Welt, umlief Rukbat auf einer elliptischen Bahn, die sich von sämtlichen anderen Planetenbahnen deutlich unterschied. Obwohl Pern aus dem allgemeinen Strom der galaktischen Entwicklung während der Konsolidierungsphase ausscherte und nach dem ersten Angriff des „Roten Planeten" und der dort ansässigen eingeborenen Lebensform eine Zeitlang mit dem Untergang rang, ist uns bekannt, daß die Welt der Schauplatz für eine der dramatischsten und erstaunlichsten Symbiosen zwischen Mensch und Fremdwesen war, die auf einer telepathischen und aufgabenteilenden Beziehung zu der auf Pern entstandenen Art der „Drachen" beruhte.

Pern-Drachen So benannt in Anlehnung an sagenhafte irdische Tiere, die angeblich feuerspeiende, geflügelte reptilische Anachronismen waren (ebenso eine Bezeichnung für die erfolgreiche, gliedlose terrestrische Reptilfamilie der Schlangen). Die Drachen von Pern waren intelligente Geschöpfe mit einer hochentwickelten empathischen Kommunikationsfähigkeit. Sie waren sanfte Wesen, oft von gigantischer Größe, mit langen, dünnen Hälsen und dreieckigen, keilförmigen Schädeln. Mit ihren großen und leistungsfähigen Flügeln waren die Pern-Drachen geschickte Flieger, dagegen allerdings auf dem Boden nicht sonderlich gut zu Fuß. Die Fähigkeit des Feuerspeiens hält man allgemein für eine hochspezialisierte Anpassung an die Gefahr einer Invasion von Fremdwesen (siehe *Fädenpilze):* Das Feuer kam aus mit Phosphorwasserstoff durchsetzten Felsstücken, dem sogenannten *Feuerstein,* der von den Drachen verschluckt und in den Höhlenmägen aufbewahrt wurde, bis der Gefahrenfall eintrat und das Wesen Feuer zu speien begann. Von besonderem Interesse ist auch eine weitere Fähigkeit der Drachen, nämlich die Teleportation, auch als *Zwischengehen* bezeichnet. Es handelt sich dabei um eine psychische Kraft, die den Drachen mitsamt seinem Reiter nicht nur in Sekundenbruchteilen über planetarische Distanzen, sondern auch über Zeiträume hinweg befördert (allerdings ist das volle Ausmaß des Zeit-Elements in der Teleportationskraft nicht bekannt). Verschiedene morphologische Formen der Drachen sind bekannt. Sie unterscheiden sich voneinander in Farbe, Größe, Wachstumsrate, Kampfkraft

Das Befruchtungsritual (folgende Seiten) Über einer der natürlicher aussehenden Burgen auf dem Planeten Pern geschieht die Befruchtung der Drachenkönigin im Flug. Drachen aller Farben fliegen umher und gönnen sich jetzt, da der Kampf um die Gunst der Königin entschieden ist, Ruhe. Der erfolgreiche Bronze-Drachen verschlingt seinen Körper mit dem der wunderschönen goldenen Königin und befruchtet die Eier, die sie trägt. Auf dem Boden, in der weiten Arena der Burg, die von Höhlen und Feuerpfaden umrandet ist, beobachten menschliche Kolonisten das Hochzeitsritual der telepathischen, eingeborenen Geschöpfe und die Inbesitznahme der Reiterin der Königin, der sogenannten Wehr-Frau, durch den Reiter des Bronze-Drachen, den Wehr-Führer. Das Mädchen, das bisher noch nie auf einem Drachen geritten ist, teilt die Ekstase der Königin, mit der sie auf empathische Weise verbunden ist. Das Wüten des Kampfes spiegelt sich noch auf dem Gesicht des Wehr-Führers, während er darauf wartet, die Wehr-Frau nach der Art der Menschen zu besitzen.

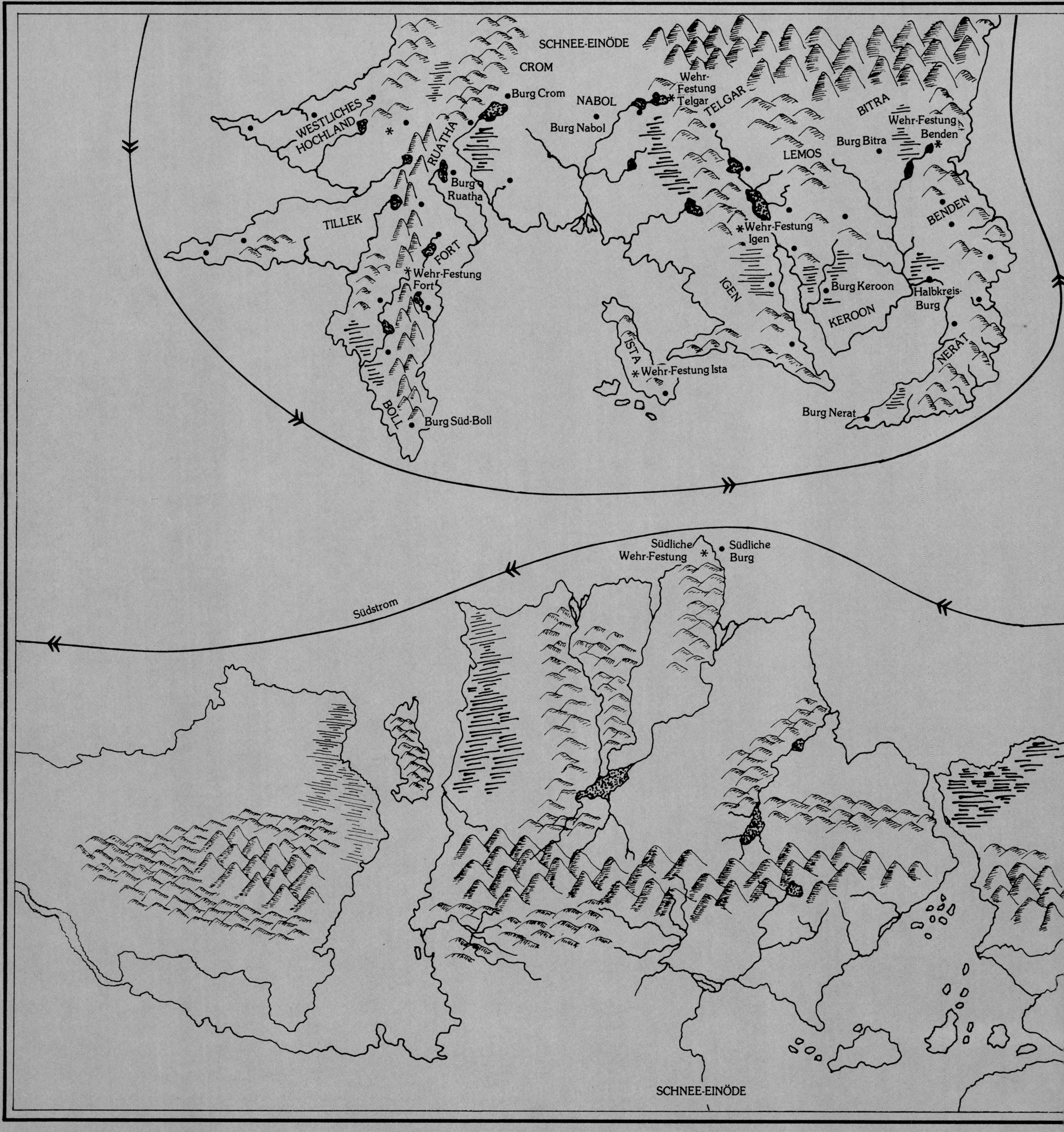

SCHNEE-EINÖDE
CROM
Burg Crom
NABOL
Burg Nabol
Wehr-Festung Telgar
TELGAR
BITRA
Wehr-Festung Benden
Burg Bitra
LEMOS
WESTLICHES HOCHLAND
RUATHA
Burg Ruatha
TILLEK
FORT
Wehr-Festung Fort
Wehr-Festung Igen
BENDEN
IGEN
Burg Keroon
Halbkreis-Burg
KEROON
ISTA
Wehr-Festung Ista
NERAT
BOLL
Burg Süd-Boll
Burg Nerat
Südliche Wehr-Festung
Südliche Burg
Südstrom
SCHNEE-EINÖDE

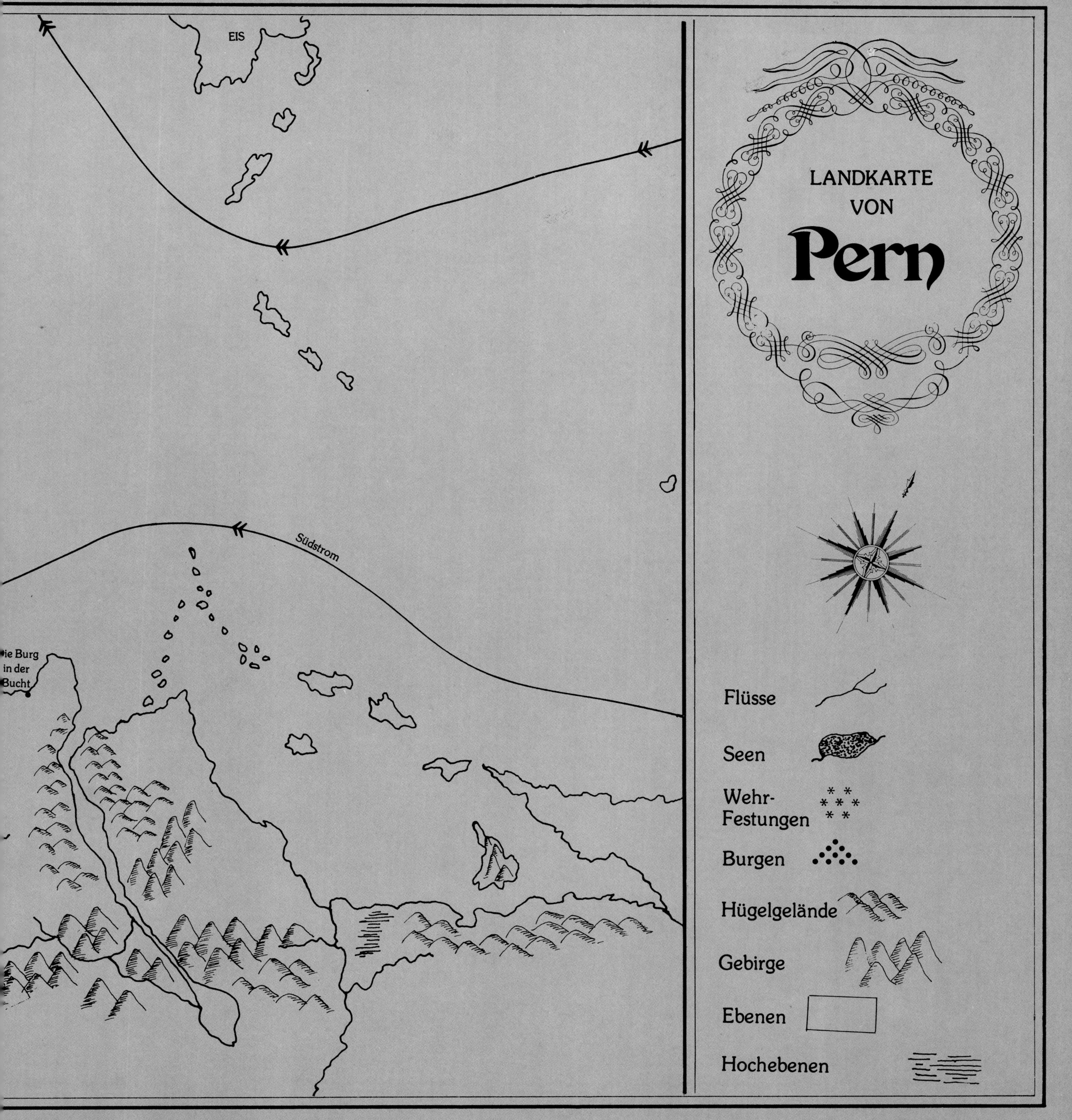

LANDKARTE VON
Pern
EIS
Südstrom
ie Burg
in der
Bucht
Flüsse
Seen
Wehr-Festungen
Burgen
Hügelgelände
Gebirge
Ebenen
Hochebenen

Angriff der Fädenpilze (vorangehende Seiten) Der „Rote Stern", ein Irrläufer-Planet, der von Perns Sonne eingefangen wurde, hat sich Pern wiederum genähert. Die dort ansässige Lebensform hat den geringen Abstand zwischen beiden Welten überwunden und schickt sich an, durch Perns Atmosphäre in die Tiefe zu sinken. Es handelt sich dabei um Pilzsporen, die sich, während sie sich der Oberfläche von Pern nähern, in die zappelnden, furchterregenden Fädenpilze verwandeln. Die Drachen, geleitet von ihren menschlichen Reitern, steigen auf, um die Pilze zu bekämpfen. Die Drachen haben riesige Mengen *Feuerstein,* eines mit Phosphorwasserstoff durchsetzten Minerals, gekaut und geschluckt und sind dadurch in der Lage, Feuer zu speien. Während die Fädenpilze nach unten sinken, werden sie von den Drachen verbrannt. Wenn auch nur ein einziger Fädenpilz die Oberfläche berührt, wird er sich sofort in das Erdreich eingraben und mit seinen Wurzeln blitzschnell nach allen Seiten und über große Entfernungen ausgreifen, wobei alles organische Leben, mit dem die Wurzeln in Kontakt kommen, zerstört wird.

und empathischer Begabung. Man kennt die Körperfarben Blau, Grün und Braun, aber die wichtigste Drachenart, gleichzeitig auch die stärksten und in jedem Wettbewerb überlegenen Exemplare, aus denen die Verbandsführer hervorgingen, waren die Bronze-Drachen. Nicht vergessen werden darf selbstverständlich die goldene Königin, deren Befruchtungsritual sich über der großen Wehr-Festung abspielte und deren Eiablage die einzige Quelle weiterer Drachengenerationen bildete.

Fädenpilze Feindliche Lebensformen, die auf dem „Roten Stern", einem von der Sonne Rukbat eingefangenen Irrläufer, ansässig sind. In ihrer Gestalt als Sporen waren die Fädenpilze in der Lage, dem Gravitationsfeld ihres eigenen Planeten zu entkommen und den von der Sonne Rukbat erwärmten Weltraum zu durchqueren, bis sie schließlich in Perns Atmosphäre eindrangen und als lange, überaus fruchtbare und ebenso tödliche „Fäden" zur Oberfläche hinabsanken. Die Invasion der Fädenpilze erfolgte jedoch nur während des Zeitraums der größten Annäherung der beiden Planeten, was bedeutete, daß jeweils zwischen zwei Angriffen lange Pausen (Generationen) lagen. Die Natur des Pilzverhaltens, ob sie auf Intelligenz beruhen oder eine bizarre Form der Anpassung an feindliche planetarische Umweltbedingungen darstellen mag, bleibt bis auf den heutigen Tag im dunkeln. Mit ihrer Fähigkeit des Feuerspeiens sind die pernesischen Drachen in der Lage, die Angreifer zu vernichten, bevor sie die Oberfläche erreichen. Es gibt jedoch Anzeichen, daß ein paar Zusammenstöße stattfanden, die nicht zu 100 Prozent erfolgreich waren.

Wehr-Festungen Die ursprünglichen Siedlungen der ersten „Drachen-Leute", d. i. der Terraner-Abkömmlinge, die mit der eingeborenen Lebensform in Symbiose lebten. Sie bestanden aus weitläufigen Stein- und Holzstrukturen entlang der von Höhlen durchlöcherten Hänge der sechs großen, erloschenen Vulkane des Kontinents. Hier teilten sich Mensch und Drache in das Dasein, hielten über die Niederungen hinweg Ausschau nach den tödlichen Fädenpilzen und wurden, infolge der Unproduktivität ihrer Umgebung, vom Rest der weit über das Land verteilten Bevölkerung mit Bedarfsgütern versehen. Der kleinere und häufiger anzutreffende menschliche Siedlungstyp, die *Burg,* wurde dort gebaut, wo das Gelände natürlichen Schutz oder strategische Plazierung bot, zumeist in und auf mit Höhlen durchsetzten Felsformationen. Sie reckten sich majestätisch hoch über das Land empor, kalte und finstere Zufluchtsorte der Menschheit, zum Beispiel *Burg Ruatha.* Die Höhlen wurden mit Hilfe von Leisten oder Pfaden, die man aus der Wand des Felsens meißelte, untereinander zugänglicher gemacht. Die Siedlungen wurden durch Feuerpfade beleuchtet, lange, linienförmig angelegte Feuer, die überall die Felswände entlangliefen. Ursprünglich dienten diese Höhlen Menschen und Drachen in gleicher Weise als Unterkünfte. Aber als die Drachen immer größer wurden, baute man die mit Felsgestein ummauerten Burgen oben auf dem Gipfel der Höhlenfelsen, und so entstanden die Wachttürme, die Wohngebäude und die Arenen.

Die Zünfte Die pernesische Gesellschaft war äußerst wohlorganisiert und diszipliniert, und die Zunfthalle einer jeden Burg besaß große Bedeutung. Die Zunfthandwerke waren zahlreich und vielfältig: Weberei, Metall- und Holzarbeiten, Ackerbau, Fischfang und Werkzeugmacherei. Jede Zunft war einer Meisterzunfthalle verantwortlich, die sich nicht notwendigerweise in derselben Burg oder Wehr-Festung befand.

Die Meisterzunfthalle bildete Zunfthandwerker aus und koordinierte die Verteilung der Zunfterzeugnisse. Die Zunfthalle unterstand nicht der Gerichtsbarkeit der Burg und des Burgherren, auf daß ihr Können und ihre Produkte in gleicher Weise dem gesamten Planeten zur Verfügung ständen. Die Musik war für die pernesische Gesellschaft etwas Wesentliches, und Zunftmusikanten, besonders die Harfenisten, standen in hohem Ansehen. Die Reihe der Instrumente reichte von der großen Harfe über die Schoßharfe bis hin zu Wehr-Haut-Trommeln, Flöten und Saiteninstrumenten, die Gitarren genannt wurden, in Anlehnung an das klassische terranische Instrument, von dem sie abgeleitet waren.

Wehr-Reiter und Wehr-Frauen Drachenreiter und Wächter gegen die Fädenpilze. Wehr-Reiter reiten auf dem bronzenen, dem blauen, dem grünen und dem braunen Drachen, wohingegen die Wehr-Frauen, eine in jeder Wehr-Festung, Reiterinnen der goldenen Drachenkönigin sind. Das Verhältnis zwischen der Königin ist ein ganz besonderes, ebenso wie zwischen der Wehr-Frau und dem Wehr-Führer, dem Reiter des Bronze-Drachen, der die Königin erfolgreich befruchtet hat.

(aus Dunn's Cosmic Gazetteer, 17. Auflage)

Burg Ruatha (folgende Seiten) Hoch an den Talhängen, zwischen Crom im Norden und der Wehr-Festung Fort im Süden, legen die mittelalterlichen Mauern der Burg Ruatha stummes Zeugnis ab von dem Kampf des Menschen um die Besiedlung des Planeten Pern. Steinerne Mauern, eiserne Tore und die tiefen Höhlen, in denen die ursprünglichen Siedler Schutz vor dem Wüten der Elemente fanden, beherbergen heutzutage unabhängige und gemütvolle Menschen, die mit dem Land und den Drachen aus der benachbarten Wehr-Festung in Harmonie leben. Hoch über dem Tal sieht man einen Drachen aus der Eiseskälte des *Dazwischen* in die Wärme des Planeten zurückkehren. Das *Dazwischen* ist eine Region des Nicht-Raumes, die sowohl der Drache als auch sein Reiter mit Hilfe der fremdartigen, uralten Geisteskräfte des Drachenvolks aufsuchen können. Mit Hilfe der Fähigkeit des *Zwischengehens* können sie alle Orte und alle Zeiten erreichen.

Die Okie-Städte

Empfohlene Zusatzlektüre
Ein Händedruck über Galaktische Grenzen: ein Rückblick auf die Bildung der Astral-Liga: Band 1, Die Okies, zusammengestellt und herausgegeben von Professor Donald West (Druckanstalt der Universität Trantor, 26597 NUZ)

Welche Verbindung bestand zwischen den hektischen Versuchen, irgendwann gegen Ende des 20. Jahrhunderts, die Chromosomen der Rädertierchen im Labor sichtbar zu machen, und der ferngesteuerten Konstruktion einer Brücke, die aus Eis IV angefertigt und so nahe der Jupiteroberfläche errichtet wurde, wie der Mensch sich vorwagen konnte? Und wie führten diese anscheinend zusammenhanglosen Ereignisse, plus ein rotierender Unipol, zur ersten ernsthaften Bemühung des Menschen, den ungeheuren Abgrund zwischen seiner Milchstraße und den Magellanischen Wolken zu überbrücken? Die Antworten bilden einen Teil der Geschichte der technologischen Evolution des frühen Menschen und der fast ironischen Art und Weise, wie logische Zusammenhänge übersehen werden können, bis die Zeit für sie reif ist. Wenn jede Stufe des menschlichen Fortschritts, bis zurück in die präindustrielle Ära, sofort bezüglich all ihrer Zusammenhänge mit dem Fortschritt auf anderen Gebieten analysiert und erfaßt worden wäre, dann wirkt es sehr wahrscheinlich, daß der Sturz des Westens sich nicht um das Jahr 2105 ereignet hätte. Der Mensch hätte längst die Kontrolle über den Makrokosmos des Universums und den Mikrokosmos seiner eigenen Gesellschaft und Denkweise übernommen. Die Geschichte des menschlichen Vordringens in die Galaxis ist die Geschichte der Möglichkeiten, die geschaffen wurden, während der Mensch die verschiedenen Phasen der technologischen Evolution durchmachte und in sich aufnahm. Die ferngesteuerte Manipulierung gewaltiger Eismengen und die Informationen, die daraus bezüglich des Wesens der Gravitation und des Zusammenhangs zwischen Masse und Drehimpuls gewonnen wurden, führten letzten Endes zur Entwicklung der ersten Fliegenden Städte, die die Sternenküste der Milchstraße hinter sich ließen und in die Leere des intergalaktischen Raumes vorstießen; antiagathische Drogen verlangsamten den Alterungsprozeß, ohne die Funktionen des Geistes zu beeinträchtigen, und ermöglichten somit die Bewältigung derart langer Reisen für die menschlichen Bewohner der „Okies", der Städte im Flug.

Städte im Flug – die Worte beschwören die Vision halbkugeliger Strukturen heraus, die geruhsam zwischen den Sternen dahingleiten. Es gibt kein Kind auf all den zahllosen Planeten der Galaxis, das nicht ein „Spinnie"-Raumspielzeug besitzt oder nicht ein Funktionsmodell der Stadt New York im Maßstab eins zu zehntausend zusammengebaut hat. Es gibt über 4000 verschiedene Versionen, Spielzeugtypen, die sich auf Sternenreisen im alten Okie-Stil beziehen. Die Kinder sind wie wild nach ihnen – sie stellen einen Teil der alten Technologie dar, des Anfangs einer Eroberung, die uns schon vor so langer Zeit wieder verlorenging. Aber sie stellen noch etwas anderes dar: den Menschen auf dem Höhepunkt seines Erfolgs – denn die Fliegenden Städte *funktionierten.* Sie waren leistungsfähig, sie waren praktisch, sie waren das Beste, was dem aufstrebenden Menschen hätte passieren können, dem Menschen, dessen Ziel die Sterne waren.

Wir müssen uns fragen, wie echt unser Respekt und unsere Liebe für die Okie-Städte wirklich sind. Wieviel von der Anstrengung und dem Erfolg ist uns *wirklich* noch im Gedächtnis, nach soviel Tausenden von Jahren? Darf ich Ihnen eine Frage stellen? Wieviel Okie-Städte wurden auf Asteroiden gebaut und in die Leere hinausgeschickt? Einhundert?

Eintausend? Zehntausend? Da sehen Sie's: Sie wissen es nicht. Versuchen wir eine andere Frage: Wie viele Fliegende Städte wurden nach dem Vorbild von New York gebaut?

Erinnern Sie sich an New York aus der Geschichte? Eine Stadt auf der Erde, an der Ostküste Amerikas. Also, wie heißt die Antwort? Ich merke schon, ich kann Sie nicht hereinlegen. Nur eine, nicht wahr? Falsch!

Keine einzige Okie-Stadt wurde nach dem Vorbild von New York gebaut. Die Okie-Stadt New York *war* New York – das echte! Die wirkliche, lebende Stadt, das letzte Stück Beton, Stahl, Glas, jede Straße, jedes Büro, jeder Kaffeeladen, jeder Abfalleimer, jeder torkelnde Betrunkene, jeder Pflasterstein – die ganze Stadt New York wurde *physisch* aus der Erde gehoben und in den Weltraum hinausbefördert. Dort befindet sie sich wahrscheinlich heute noch, irgendwo draußen zwischen den Galaxien.

Dies alles wurde durch das Prinzip des „Spindizzy" ermöglicht. Erinnern Sie sich an die Brücke auf Jupiter? All die Arbeiten über Masse und Drehimpuls und Gravitation? Das Spindizzy war das unmittelbare Resultat dieser Mühen – eine Antigravitationsmaschine, die mehr war als nur das, weil sie außerdem einen Schutzschirm erstellte, der die Wärme und die Luft drinnen und das Vakuum und die Kälte draußen hielt.

Es gibt ein Buch von einem Mann namens Acreff-Monales. Es heißt *Die Milchstraße, Fünf Porträts der Kultur,* und man bekommt es in jeder guten Bücherei und in jenem Mikrospeicher-Informationssystem. Irgendwo in diesem Buch wird die folgende Aussage gemacht:*

Als die Antigravitation schließlich ingenieurtechnische Wirklichkeit war, bestand keine Notwendigkeit mehr, Schiffe für den Raumflug zu bauen, denn weder Masse noch aerodynamische Form waren mehr von Belang. Selbst das massivste und klobigste Objekt konnte von der Erde in den Raum geschleudert und über nahezu jede beliebige Distanz befördert werden. Ganze Städte ließen sich, falls nötig, in Bewegung setzen.

Ja, es war alles da. Aber wir haben es vergessen, wir glauben jetzt an etwas anderes. Warum? Vergessen Sie nicht, daß all dies sich noch vor der Entwicklung des Hyperflugs ereignete, vor der Zeit, in der die Galaxien nicht mehr nach Lichtjahren, sondern in J-Zahlen gemessen wurden. Aber die Generationenschiffe waren schon seit Jahren unterwegs, mehr von ihnen heimlich als offen, und keines von ihnen mit einem wirklich praktischen Überlebensschema ausgestattet. Die Menschen an Bord pflanzten sich entweder durch Generationen hindurch fort, wie sie es auf der Erde getan hatten, oder sie waren zu Tausenden in die Gefriertruhen der suspendierten Animation gesperrt. Die Fliegenden Städte machten Gebrauch von Unsterblichkeitsdrogen! Sie beendeten das Zeitalter des Generationenschiffs... aber auch sie verstanden die Langeweile des ewigen Raumflugs nicht zu bannen, obwohl Schiffe und Städte sich jetzt mit Geschwindigkeiten größer als die des Lichts bewegen konnten.

* zitiert in dem Roman *Earthman, Come Home,* von James Blish

Start einer Okie-Stadt (folgende Seiten) Die ersten Städte, die sich von dem Gestein und dem Boden der Erde losrissen, waren die Industriestädte des amerikanischen Kontinents. Dieses Bild, das den Aufbruch der Stadt Scranton darstellt, zeigt lebhaft das Drama und das Spektakel dieser ersten Augenblicke. Die Stadt schaukelt auf ihrer Horizontalachse, Staub und Steine fallen von den Rändern der Kruste, wo das Spindizzy-Feld die Verbindung der Stadt mit dem Mutterplaneten gelöst hat. Die Bewohner sind gegen den Schwerkraft-Sog der Erde durch dieselben Spindizzy-Aggregate geschützt, deren Feld jetzt ihre Atmosphäre, die Hülle ihres Raumschiffs, bildet. Die Stadt rotiert eine Zeitlang in dem Krater, den sie zurücklassen wird, bevor sie majestätisch aufwärts gleitet und in das Schwarz des Weltalls hinaussegelt.

Handelskontakt mit einer Okie-Stadt (vorangehende Seiten) Im Orbit um eine Siedlerwelt nimmt die Okie-Stadt New York mit dem vertrauten Umriß des Stadtteils Manhattan Verbindung mit einem Raumfahrzeug auf, das von den Siedlern emporgeschickt wurde, um einen Handelskontakt herzustellen. Solche Reiseunterbrechungen führen nicht selten zum Austausch von Personal. Manche Stadtbewohner ersuchten die Behörden des Planeten um Einwanderungserlaubnis, und manche Siedler baten darum, an Bord der Stadt gelassen zu werden, damit sie ihr Leben den Sternen widmen könnten.

Was wir getan haben, ist, die Wirklichkeit in ihren Einzelheiten zu vergessen und uns statt dessen an eine *romantische* Idee zu erinnern... die Raumtechniker und die Konstrukteure, die riesige Städte auf Asteroiden bauten und sie mit massiven Antischwerkraftmaschinen zu den Sternen hinausschoben. Als ob die Wirklichkeit des Heraushebens ganzer Städte aus der Erdoberfläche nicht verblüffend genug wäre! Aber irgendwie ist es nicht so romantisch, nicht wahr? Also mischen wir zwei Dinge zusammen und erhalten etwas, das halb richtig ist und auf der anderen Seite ganz schön falsch.

Und dann natürlich, nachdem New York von der Erde abgeschossen worden war und auf den Flügeln seiner Spindizzies aus dem Sonnensystem hinaus und in den interstellaren Raum glitt, da wurde auf der Heimatwelt ein neues New York gebaut. Es steht noch, und man kann leicht verstehen, warum es für das Original gehalten wird.

Es gibt ein weiteres Buch, von einem Mann namens James Blish etwa um die Zeit geschrieben, als die Städte die Erde verließen*. Es beschreibt, wie eine Stadt sich anschickt, sich von der Erde loszureißen. Hören Sie sich das an, und dann weinen Sie über die computererzeugten Geschichten, die die Schreiber unserer Tage uns vorsetzen:

Die gesamte Stadt schien heftig zu schaukeln, wie ein Schiff in einem Sturm. Einen Augenblick lang endete die Straße unmittelbar im Himmel, im nächsten erblickte Chris eine Wand abgeschnittenen Erdreichs, deren Rand wie eine Klippe fünfzehn Meter hoch oder mehr über den neugeschaffenen Stadtrand hinausragte, und dann war der leere Himmel wieder da... Jetzt hielt sich die Stadt wieder waagrecht, inmitten einer gewaltigen Staubwolke, durch die Chris die Landschaft sich mit feierlicher Behäbigkeit in Bewegung setzen sah. Die Stadt hatte aufgehört zu schaukeln und drehte sich jetzt langsam...

Das ist die Beschreibung des Starts der alten Stadt Scranton, eines Bergwerks- und Industriezentrums. Es gab Hunderte solcher Städte, die sich als erste die neue Technologie zunutze machten, ihre Wurzeln aus der Erde zogen – und, nebenbei gesagt, noch ein beträchtliches Stück planetarischer Kruste dazu – und auf der Suche nach neuen Bodenschätzen wie Nomaden hin und her rund um die Welt glitten. Sie bohrten und bauten ab und ließen ganze Länder als Wüsten hinter sich zurück; sie verwüsteten schließlich die gesamte Erde, und als ob sie es damit nicht hätten genug sein lassen können, wandten sie sich in den Weltraum hinaus, nachdem die Erde unprofitabel geworden war. Sie raubten Mars und die Asteroiden aus und interessierten sich eine Zeitlang intensiv für andere Planeten und Monde des Sonnensystems, bevor sie die Sonne endgültig hinter sich ließen und zu den Sternenhändlern wurden, die in weitaus manierlicherer Weise dafür sorgten, daß die kolonisierten Welten den Kontakt untereinander nicht verloren.

Und das ist der Grund, warum die Fliegenden Städte, trotz ihres schließlichen Untergangs, für Sie und mich so wichtig sind: weil sie ein uraltes Prinzip des Friedens wiederentdeckten

* *A Life for the Stars*

und praktisch anwendeten, ein Prinzip, das mit jeder neuen Grenze von neuem erlernt werden muß, und für jedes neue Land. Es ist recht und gut, wenn wir wissen, daß jenseits dieses Hügels oder auf jener Welt ein Stamm lebt, der genauso aussieht und denkt und empfindet wie wir. Das Problem ist, daß wir ihn, solange wir keinen Handel mit ihm treiben, nicht im Auge behalten können. Eines Tages hat er plötzlich eine bessere Waffe entwickelt, als wir sie besitzen, und auf einmal müssen wir hintanstehen und zurückbleiben und sind nicht mehr Bestandteil desselben Stammessystems, weil wir nicht Bestandteil derselben Kultur sind. Solange es jedoch Händler gibt, gibt es Kontakt und einen Austausch von Ideen und Informationen ... und es gibt Zusammenarbeit!

Die Okie-Städte lehrten die frühe Galaxis die Zusammenarbeit und machten es den Siedlerwelten möglich, als Bestandteile eines Systems anstatt als Individuen aufzuwachsen. Allerdings hatten die Händler auch zu leiden. Das geht Händlern oft so. Sie wollen Ihren Ärger, Ihre Frustration an jemand abreagieren, soll der Händler, der Kontaktmann, herhalten! Also liest man darüber, wie einige Städte niedergebrannt wurden und andere keine Landeerlaubnis auf dieser oder jener Welt erhielten. Aber was auch immer einzelnen Städten zugestoßen sein mag, das Prinzip des ständigen Kontakts war in Anwendung. Die Entwicklung der Milchstraße hatte einen guten Anfang genommen, und wir schulden den Okies Dank für den Frieden und den Wohlstand in dem riesigen Universum unserer Tage.

Und das alles, weil ein Mann in einem Labor mit Chemikalien experimentierte, um die genetischen Moleküle eines winzigen Süßwassertierchens zu färben und dadurch sichtbar zu machen, und ein Molekül entdeckte, das schließlich zur Entwicklung der Unsterblichkeitsdroge führte. Obwohl wir sie heute nicht mehr benützen, so bedeutete das damals, daß der Mensch zu den Sternen reisen konnte, ohne sich vor den riesigen Entfernungen fürchten zu müssen, wenn er auch die Fähigkeit besaß, mit Lichtgeschwindigkeit und schneller zu reisen, weil ein Brückenbauer auf Jupiter den Zusammenhang zwischen Drehimpuls und Masse und Schwerkraft entdeckt und eine Maschine entwickelt hatte, die er Spindizzy nannte und die Antigravitation bewirkte und alle Dinge innerhalb ihres Einflußbereichs in ihren Schutz nahm, welchselbe wir heutzutage ebenfalls nicht mehr benützen, weil wir den Hyperflug beherrschen. Aber ohne sie hätte sich niemals eine Milchstraße entwickelt, in der es hyperzufliegen sich lohnte.

(Entnommen und bearbeitet aus Berks *Kosmische Verbindungen: die unerwarteten Beziehungen zwischen der Technologie und einigen anderen Dingen,* zuerst gezeigt im Programm des Solarstaat-HoloTV)

Die brennende Stadt (folgende Seiten) Auf dem Flug über den Großen Abgrund, die sternenlose Leere zwischen den einzelnen Spiralarmen der Galaxis, kommt die Stadt New York mit einer brennenden Okie-Stadt in Berührung. Diese Stadt wurde von Dark City, einem Piraten, angegriffen, der vorerst in der Dunkelheit dahintreibt, das Resultat seines Angriffs beobachtet und sich fragt, ob New York eine Strafexpedition gegen ihn aussenden wird oder nicht. Piraten dieser Art sind durchaus häufig. Sie rauben den Händlern ihren immensen Reichtum. New York, die größte der Okie-Städte, ist zu umfangreich und zu gut verteidigt, als daß Piraten sich an sie gewagt hätten. Die brennende Stadt ist tot, ihr Spindizzy-Feld erloschen, ihre Bevölkerung noch im selben Augenblick der mörderischen Kälte des Weltraums ausgeliefert. Der brandgeschwärzte, verwüstete Überrest wird bis in alle Ewigkeit durch die Einöde des Großen Abgrunds treiben.

Mesklin

Empfohlene Zusatzlektüre

1. *Motive der Präservierung und Nichteinmischung bei den nachindustriellen Raumforschungsprogrammen*, von J. T. Kirk (Enterprise Press, 24453 NUZ)

2. *Fremdartige Welten und Kreaturen*, von Christopher P. Carlsen (Edwards Empire Building Pub., 26785 NUZ)

3. *Legendäre Welten der Milchstraße: Tatsachen und Erfindungen*, von Bürger H. C. Stubbs (TransGalactic View Books, Bootes, 26955 NUZ)

4. „Whirligig World“, von Hal Clement (zuerst veröffentlicht in *Astounding Science Fiction*, Juni, Jahr 8 des Atomzeitalters)

Der Planet Mesklin wurde sehr früh in der Ausbreitungsphase der Menschheit entdeckt, zu einer Zeit, als die Wissenschaft der planetarischen Forschung noch in den Kinderschuhen stak. Es gibt heutzutage nur noch eine Handvoll Hinweise auf den exakten Standort dieser Welt, und wenig sonstige Information hat die Jahrtausende überlebt, aber aus den Angaben einiger sehr früher Quellen wird klar, daß Mesklin für das in der Ausdehnung begriffene Sternenreich des Menschen eine sehr wichtige Welt war, sowohl wegen der eingeborenen Lebensform (den Mesklinitern) als auch wegen der Fülle an Information, die diese Welt voll extremer Schwerkraftbedingungen bezüglich der Natur der Gravitation und anderer physikalischer Phänomene lieferte. Unser heutiges Empfinden darüber, wo Mesklin zu suchen sei, ist nicht eindeutig. Einige Quellen behaupten, der Planet habe aufgehört zu existieren, zerstört durch die enormen Kräfte, die seiner hohen Rotationsgeschwindigkeit innewohnten. In seinem Sensobuch *Motive der Präservierung und Nichteinmischung bei den nachindustriellen Raumforschungsprogrammen* deutet Kirk dagegen an, daß die wesentliche Information, die zur Auffindung Mesklins unter den peripheren Sternenwelten notwendig ist, absichtlich zerstört wurde, um die Mesklíniter vor dem verheerenden Wüten des Ersten Reiches zu bewahren (Literaturbezug 1). Der wahrscheinlichste Standort von Mesklin ist jedoch derjenige, der in Dunns *Cosmic Gazetteer* beschrieben wird und sich auf ein frühes Werk von Hal Clement stützt, in dem ausgesagt wird, Mesklin sei ein dritter massiver Körper im Doppelsternsystem 61 Cygni. Die kleinere und lichtschwächere der beiden orangefarbenen Sonnen, die die Komponenten des Doppelsternsystems bildeten, umlief die größere nicht auf einem herkömmlichen elliptischen Orbit, sondern bildete mit der Welt Mesklin zusammen ein Sekundärpaar, das zunächst um den gemeinsamen Schwerpunkt rotierte und in dieser Konstellation die größere Komponente des Doppelsternsystems umlief. Diese Hypothese bedarf noch der Verifizierung.

Mesklin war eine erstaunliche Welt, eine der bizarrsten unter den „natürlichen“ Planeten (Literaturbezug 2). Sie war nicht annähernd kugelförmig, wie die Natur fast alle anderen Planeten in der Frühphase der Systembildung aus Gaswolken geschaffen hat – Mesklin hatte in der Tat die Gestalt eines *Diskus*, die Entfernung von Pol zu Pol war geringer als die von einem Punkt des Äquators zum gegenüberliegenden. Es steht so gut wie fest, daß die Polachse des Planeten, von einem ammoniakschneebedeckten Pol zum anderen, eine Länge von 32 000 km besaß, während der Durchmesser des Äquators runde 77 000 km betrug. Mesklin besaß die Form eines „fetten“ Diskus, eine Form, deren Entstehung der Erläuterung bedarf.

Die Antwort liegt gewiß in der ungeheuren Rotationsgeschwindigkeit des Planeten, gekoppelt mit seiner mächtigen Schwerkraft, die an den Polen fast das Siebenhundertfache des Erdnormals (g) ausmachte. Während die gewaltigen Zentrifugalkräfte die planetarische Materie aus der allgemein üblichen Kugelform drängten, sorgte die Schwerkraftanziehung des massiven Kerns dafür, daß die Welt zusammenhielt.

Auf Mesklin herrschten extreme gravitationelle und klimatische Bedingungen. Längs des Äquatorgürtels, der so etwas wie einen Rand der Welt darstellte, war die Rotationsgeschwindigkeit so enorm, daß die Zentrifugalkräfte bei atmosphärischen Vorgängen eine gewichtige Rolle spielten.

Die Schwerkraft am Rand betrug etwa 3 g, erträglich für einen menschlichen Forscher, der das stützende Korsett eines gepanzerten Schutzanzugs trug. Sie wuchs jedoch rasch, während man sich dem einen oder anderen Pol näherte, und es ist leicht vorstellbar, daß die frühen Forscher durch ihre mangelnde Schutzanzug-Technologie auf eine schmale Oberflächenzone des Planeten beschränkt wurden.

Es waren aber eben die enorme Schwerkraft an den Polen und die rasche Variation des Schwerkraftfelds, die Mesklin für die frühen Raumforscher so interessant machten. Hochspezialisierte Ausrüstungen mußten entwickelt werden, um die Instrumente in sich zu tragen, die zu den Polarregionen hinabgesandt wurden. Denn wenn dort irgend etwas schiefging, dann gab es außer einem Appell an die eingeborene Intelligenz keine Möglichkeit mehr, die kostbare Meßinstallation zu erreichen (Literaturbezug 3). Ein solcher Vorfall ist uns in der Literatur überliefert. Es ging um die Bergung einer Polarsonde durch eine Expedition mesklinitischer Händler, die auf Bitten eines kleinen menschlichen Forschungsunternehmens eine 72 000 km lange Reise auf Floß und Metallschlitten unternahm. Clements Beschreibung ihrer Fahrt und der Subspezies oder „Varianten" von Mesklinitern, mit denen sie zusammentrafen, bildet eines der lebendigsten Zeugnisse der Welt Mesklin.

Mesklin war ein Planet innerhalb eines Doppelsternsystems, dessen eine Komponente von den Mesklinitern *Esstes* oder, häufiger, „die Nachtsonne" genannt wurde: ein weit entfernter, düsterer, rötlicher Stern (K 7), der heller war als der irdische Mond, aber nicht hell genug, als daß man hätte meinen können, seine Helligkeit bestünde aus mehr als nur reflektiertem Licht. Der größere Stern, *Belne,* war die Tagessonne, ein wenig heißer (K 5), dabei aber weitaus näher, von strahlender, tiefgoldener Färbung. Infolge der hohen Rotationsgeschwindigkeit am Äquatorgürtel durchquerte Belne den Himmel in einem Zeitraum von nur neun Standardminuten. Die mesklinitischen Händler besaßen ein Zeitverständnis, das mit dem neunminütigen Äquatortag nichts zu tun hatte, da die Tagesdauer längs der Oberfläche ihres Planeten so dramatisch variierte. Mesklins zwei Monde waren offenbar Planetoiden von herkömmlicher Beschaffenheit, die den Planeten in einer gewissen Entfernung umliefen und von den menschlichen Forschern als Beobachtungsstützpunkte genutzt wurden.

Nach allem, was wir über Mesklin wissen, handelte es sich um eine Welt, die sich dem Menschen gegenüber nicht nur mit ihrer Schwerkraft, sondern auch in meteorologischer Hinsicht feindlich verhielt. Die Atmosphäre bestand zum größten Teil aus Wasserstoff, und die Meere waren nicht Wasser, sondern flüssiges Methan. Ein natürliches Produkt der Stürme und der Verdunstung war Ammoniak, das die Polgegenden als „Schnee" bedeckte, sich zu hohen Wolken türmte und die Ursache gefährlicher Windströmungen war. Der Planet mit seiner immensen Rotationsgeschwindigkeit und erratischen thermodynamischen Verhältnissen war der Schauplatz unglaublicher Stürme, die, wie die Hurrikane der Erde, aus der Verdampfung der Oberflächenschichten des Ozeans unter dem Einfluß der Sonne

Sturm auf Mesklin (folgende Seiten) Ein Händlerfloß wird von einem der gewalttätigen Äquatorialstürme Mesklins in Richtung des Schutzhafens einer Insel getrieben. Mesklin, die bizarre, diskusförmige Welt im Doppelsternsystem 61 Cygni, dreht sich so rasch um die eigene Achse, daß gewaltige Coriolis-Kräfte das Methan-Meer und die Ammoniak-Wolken zu wütenden Wirbelstürmen aufpeitschen. Obwohl sie in derselben Weise entstehen wie terrestrische Hurrikane, sind die Stürme auf Mesklin infolge der Leichtheit der Wasserstoffatmosphäre, die keine Thermiken zuläßt, selbstlimitierend. Nichtsdestoweniger leben die mesklinitischen Händler in ständiger Furcht vor einem Sturm. Ihre Flöße sind biegsam und zäh – Attribute, die man den winzigwüchsigen Mesklinitern ebenfalls zugestehen möchte –, aber sie wissen, wann der Augenblick gekommen ist, in dem sie davonlaufen und Schutz suchen müssen.

Nach einem Sturm auf Mesklin
(vorangehende Seiten) Ein Hurrikan ist über die Äquatorgegend von Mesklin hinweggetobt, hat Land verwüstet, Leben vernichtet und tief in das Meer selbst hinabgegriffen. Diese riesige Tiefseekreatur wurde von der Gewalt des Sturms auf den sandigen Strand geschleudert und beginnt dort zu verrotten. Ein Erdmensch, angetan mit dem schweren, gliederstützenden Schutzanzug, der es ihm ermöglicht, sich in einem Schwerefeld von 6 g zu bewegen, will sich eine Probe der Körpersubstanz des Wesens für Analysezwecke beschaffen, aber er besitzt kein Werkzeug, das stark genug ist, das teakholzähnliche Gewebe des Ungeheuers zu zerschneiden. Winzige Meskliniter, eine Gruppe von Händlern, versammeln sich ringsum, um den Vorgang zu beobachten, und lösen das Problem schließlich auf ihre eigene Art. Die scherengleichen Greiforgane ihrer vorderen Gliedmaßen schneiden sogar durch gehärteten Stahl. Mit Leichtigkeit schnipseln sie Stücke aus dem Leib der toten Kreatur, von denen sie allerdings mehr selbst verzehren, als sie dem Terraner geben.

entstanden. Es gab indes einen wesentlichen Unterschied: Auf der Erde steigt der Wasserdampf durch die dichtere Atmosphäre auf und trägt zur Bildung eines Hurrikans bei, indem er bei der Kondensierung latente Wärme abgibt; auf Mesklin dagegen war das verdampfte Methan dichter als die übergelagerte Atmosphäre und daher in seinem Drang, in die Höhe zu steigen, behindert, wodurch der sturmbildende Effekt beschränkt wurde. Nichtsdestoweniger läßt die Information, die wir aus einer bestimmten Quelle beziehen (Literaturbezug 4), darauf schließen, daß die Stürme aus Mesklin von vernichtender Wucht und durchaus ernst zu nehmen waren.

Die Ozeane selbst waren durchaus fremdartig. Hohe Gezeiten während des Frühlings führten die Wasseroberfläche bis unmittelbar an die Städte der Meskliniter heran. Im Sommer dagegen sank das Meeresniveau infolge der Verdunstung, und im Herbst waren dieselben Städte dreihundert bis dreitausend Kilometer vom Rand des Ozeans entfernt! Die Meere waren nicht farblos, sondern im Gegenteil bunt gefärbt, ein Anzeichen für das reiche mikroskopische – oftmals aber auch gigantische – Leben, dem sie Heimstatt boten.

Mesklin war in der Tat eine reich bevölkerte Welt. In mancher Weise war das Leben primitiv, was zum Beispiel darin zum Ausdruck kam, daß die fleischfressende Bevölkerung des Ozeans ausschließlich aus Monstren von riesiger Größe bestand. In anderer Hinsicht wiederum war es in exquisiter Weise an die ungewöhnlichen geophysischen und chemischen Umweltbedingungen des Planeten angepaßt – so war z. B. die Gewebestruktur beweglicher Lebensformen stark genug, um der enormen Schwerkraft zu widerstehen, und gegliedert, so daß sie mit den unterschiedlichen Schwerkraftverhältnissen in den verschiedenen Zonen der Planetenoberfläche zurechtkommen. Anpassungsfähigkeit, besonders der Muskulatur, war auf Mesklin ein biologisches Problem, das durch „Abteilbildung" oder Segmentierung (siehe weiter unten) gelöst wurde. Die vorherrschende pflanzliche Lebensform war eine Art „Baum", die das Erdreich zusammenhielt, Schutz bot und Nährstoffe wiederaufbereitete. Es handelte sich dabei um niedrige, flache Gewässer, mit weitausgreifenden, tentakelähnlichen Ästen und sehr kurzen, dicken Stämmen. In Gegenden niedriger Gravitation bogen sich ihre Äste ziemlich weit vom Boden in die Höhe, waren miteinander verfilzt und schufen somit ein dichtes, parallel zur Oberfläche verlaufendes Geflecht.

Natürlich gab es da auch noch die Meskliniter selbst, intelligente Kreaturen, von denen die Aufzeichnungen besagen, sie hätten bei der Erforschung der unbewohnbaren Welt Dhrawn mitgewirkt. Die Meskliniter waren eine einzige Art, jedoch mit einem enorm breiten Spektrum von Varianten und Kulturen. Es scheint Völker gegeben zu haben, die weit im Binnenland lebten und sich auf einer Entwicklungsstufe der fortgeschrittenen „Steinkultur" befanden. Im Gegensatz dazu gab es Inselbewohner, die ein hochentwickeltes Verständnis der Flugtechnik besaßen, so daß sie in der Lage waren, Segelflugzeuge von einfacher, aber effizienter Konstruktion bauen und fliegen konnten.

Die Eroberung des Luftraums durch diese „versteckten" Völker läßt vermuten, daß das psychologische Verhalten innerhalb der Spezies stark variierte. Es gibt viele Hinweise darauf, daß Meskliniter, die in Zonen hoher bis extrem hoher Gravitation lebten, eine ungeheure

Furcht vor Gegenständen hatten, die über das Niveau des Erdbodens in die Höhe gehoben wurden. Sie hätten niemals in Erwägung gezogen, sich *unter* einem soliden Gegenstand zu verstecken, nicht einmal unter einem kleinen, denn falls dieser herabstürzte, würde sein Gewicht sie zerquetschen. In ähnlicher Weise war die Vorstellung, daß man ein Objekt „werfen" könne, vielen Völkern ganz und gar unvertraut. Mit einer Fallgeschwindigkeit von vielen hundert Metern pro Sekunde wäre selbst ein pulvergetriebenes Geschoß weniger als einen Meter von der Mündung des Gewehrs entfernt zu Boden gefallen. Die Mehrzahl dieser Fakten bezüglich mesklinitischer Verhaltensweisen stammt aus dem Bericht über die Händler-Expedition zum Südpol. Die küstenbewohnenden Völker scheinen sich in der Hauptsache als Händler spezialisiert zu haben, die eine lockere Verbindung unter den einzelnen Artvarianten herstellten und über die Methan-See auf Flößen segelten, die aus vielen kleinen Flößen zusammengebaut und -gebunden waren und sich mit Hilfe schwächlicher Tuchsegel vorwärts bewegten. In Abweichung von den Verhältnissen auf der Erde zur Primitivzeit der Menschheit gibt es auf Mesklin keine Anzeichen dafür, daß „Tauschkulturen", d. i. die Ausbreitung neuer Ideen aus einem begrenzten Gebiet durch Händlerkontakte, je eine Rolle spielten.

Die Meskliniter waren segmentierte Geschöpfe, in gewisser Hinsicht terrestrischen Raupen nicht unähnlich. Die meisten verfügbaren Beschreibungen beziehen sich auf die küstenbewohnenden Händler, deren durchschnittliche Körpergröße etwa 45 cm betrug. Im Binnenland scheint es „Riesen" gegeben zu haben, von denen manche bis zu einem Meter lang wurden. Sie bewegten sich auf Dutzenden von Beinen, wobei jedes Bein in einem breiten Saugteller endete. Sie besaßen mehrere Augen, die von schweren, aber durchsichtigen Lidhäuten geschützt wurden. Das vordere Drittel des Körpers konnten sie senkrecht aufrichten, und die vordersten vier Beinpaare waren zu Armen modifiziert, die mit enorm kräftigen (sie konnten gehärteten Stahl durchschneiden), jedoch präzisen und feinfühligen Schneidewerkzeugen ausgestattet waren. Die Körperfarbe der Meskliniter war von einer Artvariante zur anderen verschieden, jedoch zumeist rot und schwarz.

Segelfliegerangriff auf Mesklin (folgende Seiten) Die Abenddämmerung nähert sich rasch, als *Belne*, die nähere und leuchtstärkere der beiden Sonnen von Mesklin, sich mit großer Geschwindigkeit dem Horizont entgegenneigt. *Esstes*, weiter entfernt und durch die aufsteigenden Ammoniakwolken bleicher als sonst erscheinend, besitzt nicht genug Helligkeit, um mehr als Mesklins „Nachtsonne" zu sein. Ein Händlerfloß, bestehend aus vierzig kleinen Flößen, die durch Seile miteinander verbunden sind, flieht längs eines Flusses aus flüssigem Methan zu den Bergen im Hintergrund, die die Meeresküste säumen. Die Segelflugzeuge sind den Händlern unvertraut und erscheinen ihnen gleichzeitig furchterregend und bedrohend. Die Schwerkraft auf Mesklin ist so gewaltig, daß jeder Gegenstand, der aus der Höhe kommt, die Gefahr augenblicklichen Zerschmettertwerdens mit sich trägt. Hier jedoch, in der Nähe des Äquatorrands, haben die Inselbewohner Segelflugzeuge entwickelt, die von Katapulten abgeschossen werden und Luftströmungen benützen können, um die mörderische Schwerkraft des Planeten zu neutralisieren. Die Inselbewohner haben Verdacht geschöpft und betrachten die Händler als Feinde. Ihre Absicht ist es, die Weiterfahrt des Floßes zu blockieren, indem sie lange, schwere Speere abschießen, die in dem seichten Fluß eine Barriere bilden werden.

Eros

Der Bau des Schiffes (vorhergehende Seiten) Mächtige Fabrikschiffe und Fertigungskomplexe umringen den Asteroiden Eros, höhlen ihn aus und verwandeln das Innere in eine künstliche Welt. Die Vorarbeiten werden von der Bohrstation im Vordergrund des Bildes geleistet, die die Substanz des Asteroiden pulverisiert. Auf der Oberfläche sind die Umrisse von Gebäuden zu sehen, die im Innern Gestalt annehmen. Raketenfrachter laden in unablässiger Folge die Erze, die aus dem Innern des Steroiden abgebaut wurden und der irdischen Industrie zugute kommen sollen. Eine zweite Bohrstation ist jenseits der Nase des Planetoiden zu sehen. Die Funktionsweise der Bohrer beruht auf der Zündung rasch aufeinanderfolgender, niederenergetischer Fusionsexplosionen im Kern von Eros.

Wer war der Große Herrscher, auch der Große Planer genannt? Über seine Identität debattieren die Historiker bis auf den heutigen Tag, da alle wesentlichen Unterlagen bezüglich seiner Herrschaft in den Neuro-Kriegen des 23. Jahrhunderts (alte Erd-Zeitrechnung) zerstört wurden. (Eine hervorragende und allgemeinverständliche Abhandlung der unterschiedlichen Theorien findet sich in *Der Große Herrscher: Mensch oder Mythos,* von F. Boyd und H. Dempsey.) Mit Sicherheit kann über ihn nur ausgesagt werden, daß er sich zum obersten Diktator des alten Staates Nordamerika aufschwang – und daß er das grandioseste und exzentrischste Konzept der frühen Interstellar-Kolonisierung verwirklichte.

Das war das Zeitalter vor der Entdeckung des Hyperantriebs, selbst noch vor der Entwicklung eines Unterlicht-Triebwerks, das über genügend Leistung verfügte, um interstellare Reisen praktikabel zu machen. Selbst eine Fahrt zum nächsten Nachbarn der Sonne, Proxima Centauri, mußte fünfhundert Jahre in Anspruch nehmen. Ein Schiff, das diese Reise unternahm, konnte nichts anderes als eine Raumarche sein, in der Generationen von Pionieren lebten, ohne je das Ziel der Fahrt zu erblicken – ein unwahrscheinliches Konzept, das jedoch in der primitiven Visionärliteratur oft diskutiert wurde.

Der Bau des Schiffes war das gewaltigste ingenieurtechnische Unterfangen, auf das sich die Menschheit je eingelassen hatte, und erforderte sechzig Jahre bis zu seiner Vollendung. Der Asteroid Eros – zigarrenförmig, über dreißig Kilometer lang und auf einer Umlaufbahn, die ihn in regelmäßigen Abständen in Erdnähe brachte – sollte die Hülle des Fahrzeugs bilden. Um ihn herum entstand ein gewaltiger Fertigungskomplex. Quartiere für die Bauarbeiter – von denen viele starben, ohne den Fuß je wieder auf die Oberfläche der Erde zu setzen – wurden aus dem Felsen gehauen und bildeten ein Netzwerk von Kammern und Gängen, in denen später ein Teil der Schiffsbesatzung untergebracht wurde. Im Innern entstand eine gigantische Höhlung, in der später die Menge der Fahrgäste untergebracht wurde.

Der Große Planer sah sich mit einem großen und grundlegenden Problem konfrontiert. Wie konnte er gewährleisten, daß die fernen Nachkommen der ursprünglichen Passagiere das Unternehmen zu einem erfolgreichen Abschluß bringen würden? Oder noch primitiver: Wie ließ sich gewährleisten, daß sie sich überhaupt an den Zweck des Unternehmens noch erinnerten? Die Lösung des Problems lief ironischerweise darauf hinaus, die Mehrzahl der Fahrgäste im Zustand der vollständigen Unwissenheit zu belassen.

Die Passagiere des Schiffes waren in zwei Gruppen unterteilt, die beide genetisch manipuliert wurden, um sie ihren Aufgaben anzupassen. Die Besatzung erledigte die Routineaufgaben der Reparatur und der Instandhaltung, die unterwegs anfallen würden. Dazu bedurfte es keiner besonderen Intelligenz und keiner Einsicht, sondern eher einer gedankenlosen Art von Gehorsam. Die perfekten Vorbilder der Mannschaftsmitglieder wurden in den Reihen der Mystiker und Eremiten gefunden, unter Menschen also, die Wißbegierde und analytisches Denken längst zugunsten von Glaube und Ritual aufgegeben hatten. Sie stellten ihre Aufgabe niemals in Frage, sondern sonnten sich im Glanz ihrer eingebildeten Überlegenheit über die anderen Schiffsbewohner, deren Leben sie kontrollierten.

Innerhalb des Schiffs befand sich eine komplette Miniaturwelt, bestehend aus einem kleinen Tal, das zu beiden Seiten von scheinbar unübersteigbaren Bergen begrenzt wurde. Die Achsendrehung des Schiffes erzeugte erdnormale Schwerkraft für die Talbewohner, die keine Ahnung hatten, daß sie sich auf einer Reise befanden, und denen es noch viel weniger je in den Sinn kam, daß ihre ganze Umgebung weiter nichts als eine geniale Spiegelfechterei war – daß der „Himmel" über ihren Köpfen in Wirklichkeit von der gegenüberliegenden Wand des Schiffes gebildet wurde und daß der historische Unglücksfall, der sie angeblich in ihrem Tal isoliert hatte, ein Teil des Täuschungsspiels war.

Nicht daß Neugierde eine ihrer hervorstechenden Charaktereigenschaften gewesen wäre. Im Gegenteil: Sie waren zufrieden, gehorsam, sogar ein wenig dumm. Ihre Zivilisation war von den Azteken Mexikos abgeleitet, eine zeitlose, felderbebauende Gesellschaft, die von einer barbarischen Religion am Zügel geführt wurde. Die Menschen selbst waren nicht wirklich Azteken. Sie waren vielmehr von allen Teilen der Erde sorgfältig ausgesucht und trugen in sich die Erbmerkmale, die ihren fernen Nachfahren die ungewöhnliche Intelligenz verleihen würden, deren sie bedurften, um auf einer neuen und fremden Welt zu überleben. Mit Hilfe der genetischen Ingenieurtechnik war indes das Merkmal der Intelligenz rezessiv und das des nichts in Frage stellenden, strohdummen Gehorsams dominant gemacht worden. An Bord des Schiffes befanden sich zwei solcher Gruppen mit kaum merkbar voneinander verschiedenen Erbcharakteristiken. Wenn sie zusammentrafen und miteinander Nachwuchs zeugten, dann würden in diesem die bisher rezessiven Gene Dominanz erlangen. Solange sie dagegen auseinandergehalten wurden, blieben sie verständnislos und primitiv.

Die fortdauernde Trennung der beiden Gruppen ließ sich einfach erzwingen. Jede Gruppe lebte in ihrem eigenen Dorf, und zwischen den Dörfern lief ein Fluß das ganze Tal entlang. Mischehen zwischen Personen aus zwei verschiedenen Dörfern waren unter Androhung strengster Bestrafung durch die fürchterlichen Götter verboten. Einer dieser Götter, der entsetzenerregende, schlangenköpfige Coatlicue, ging zur Nachtzeit im Tal um und riß jedem das Herz aus dem Leib, den er außerhalb des Weichbilds seines Dorfes fand. Den Bewohnern des Tales war nicht bekannt, daß es sich bei Coatlicue in Wirklichkeit um einen mit wärmesuchenden Sensoren ausgestatteten Roboter handelte, der für diese Aufgabe eigens programmiert war.

So vergingen fünfhundert Jahre eintöniger, langsamer Reise. Die Zahl der Dorfbewohner dadurch in Grenzen gehalten, daß die stets wachsame Mannschaft in regelmäßigen Abständen Scharen giftiger Schlangen freisetzte. Sie warteten auf den Tag, für den ihre Religion ihnen die Befreiung aus dem gefängnisgleichen Tal versprochen hatte. So verrückt, wie es auch sein mochte, wäre das Projekt dennoch wahrscheinlich erfolgreich gewesen, wenn die Mannschaft nicht schließlich ihre Funktion zu ernst genommen hätte.

An dieser Stelle schlug der Plan des Großen Herrschers fehl. Über die Jahrhunderte hinweg waren die Rollen der Mannschaftsmitglieder immer mehr zum Ritual geworden. Sie

Coatlicue (folgende Seiten) Der furchterregende Robot Coatlicue stelzt des Nachts, von Dämmerung zu Dämmerung, durch das Tal. Er ist darauf programmiert, Geschöpfe von Menschengröße, die sich zu dieser Zeit außerhalb ihrer Dörfer befinden, zu suchen und zu vernichten. Seine komplexen Sensoren ermöglichen es ihm, Wärmequellen aus beträchtlicher Entfernung zu orten. Im Hintergrund dräut die Stufenpyramide des Dorfs Quilapa, der Schauplatz zahlloser blutiger Opferszenen, veranstaltet von Azteken-Priestern, die, mit Coatlicue als Rückhalt, ein strenges Regiment über die Bevölkerung ausübten.

Das Tal (vorangehende Seiten) Von einem Aussichtspunkt hoch über dem Tal ist die Krümmung des Horizonts der kleinen Welt deutlich erkennbar. Ein Fluß durchzieht das Tal in seiner gesamten Länge und bildet eine natürliche Barriere zwischen den beiden primitiven Siedlungen. Die „Sonne“ über dem Tal ist in Wirklichkeit eine Kugel aus Plasma, in deren Innerem eine kontrollierte Fusionsreaktion abläuft. Sie bewegt sich auf Schienen über einen Himmel, der selbst aus nächster Nähe erstaunlich realistisch wirkt. Hier verschwindet die Sonne gerade im Innern des Asteroiden, nachdem sie ihren Tagesablauf beendet hat. In der Kruste des Planetoiden wird sie während der Nacht unter dem Tal hindurchgleiten, um rechtzeitig zu Tagesanbruch über den Bergen auf der gegenüberliegenden Seite wieder zu erscheinen. Die Nacht beginnt. Im Tal eilen die Siedler in die sicheren Horte ihrer Dörfer; denn in Kürze wird Coatlicue zum Vorschein kommen, um die Felder und Flußmarschen zu patrouillieren.

bildeten eine quasi-religiöse Hierarchie, auf deren unterster Sprosse der gemeine Wachmann stand, während das Amt des Obersten Beobachters an der Spitze allmählich zu dem eines Hohenpriesters ausartete. Es entstand der angeblich tausendjährige Kult des Erstankömmlings – des ersten genialen Sprosses (mit Eltern von beiden Seiten des Tales), dessen Auftreten das Ende der Reise ankündigen würde. Sie vergaßen indes, daß es ihre Aufgabe war, einen geeigneten Planeten zu finden und eine Landung auf seiner Oberfläche zu bewerkstelligen.

Als das Schiff das Proxima-Centauri-System erreichte, entschieden sie auf der Grundlage ihres Glaubens, daß keiner der Planeten bewohnbar sein könne. „Wenn die Planeten sich zur Besiedlung eigneten, hätte Er (der Große Planer) uns keine Wahl gelassen“, besagte ihre Doktrin. Also setzte man Kurs auf ein anderes System.

Ungefähr dreißig Jahre später brach das fragwürdige Gleichgewicht innerhalb des Tales zusammen – wie es früher oder später hatte kommen müssen. Ein Mann und eine Frau, die aus verschiedenen Dörfern stammten, verliebten sich, und prompt erzeugten sie ein Kind, das das Geheimnis seiner Welt enträtselte, das Schiff wendete und es auf Kurs zu seinem schließlichen Ziel brachte, dem vierten Planeten des Proxima-Systems.

Heutzutage befindet sich das Raumschiff noch immer im Orbit über Chimal (die Welt trägt den Namen jenes ersten genialen Kindes) und versieht die Funktion eines Museums, das jährlich von vielen Tausenden besucht wird. Aber wenige von denen, die unter der Gefahr eines Schwindelanfalls einen Spaziergang durch den „Himmel“ riskieren oder Schlange stehen, um ihre Kinder auf den Schultern des Roboters Coatlicue reiten zu lassen, begreifen, wie außergewöhnlich seine Geschichte wirklich ist.

Arrakis

Arrakis, der dritte Planet des Sterns Kanopus, besitzt womöglich die härtesten Umweltbedingungen, die Menschen im Zuge eines Kolonisierungsunternehmens je zu beherrschen lernten. Der in der Umgangssprache geläufige Name *Dune* belehrt uns über den Hintergrund: der Wüstenplanet. Zwischen 60 Grad nördlicher und 70 Grad südlicher Breite dehnt sich nichts als tiefe Wüste, allen vertrauten Formen des Lebens absolut feindlich; das ist die Große Pfanne. Die Eiskappen der Pole sind winzig, in Übereinstimmung mit dem zentralen Faktor, der alles Leben auf Arrakis beherrscht: Wasser – oder vielmehr dem Mangel an Wasser. Um den Nordpol herum bilden Bergketten, die unter dem Namen Schildwand und Falsche Wand bekannt sind, eine nicht überall zusammenhängende Ringmauer. Die höchste Erhebung beträgt 7400 m (Mount Idaho). Rings um die Füße der Berge und von ihnen vor dem vollen Ausmaß der Sandstürme geschützt, die Windgeschwindigkeiten bis zu 700 km/st erreichen, drängen sich die menschlichen Siedlungen: die Städte Arrakeen und Carthag (die erstere der traditionelle Sitz der Regierung, die letztere von der Familie Harkonnen während ihrer Amtszeit gegründet und entwickelt) und die Dörfer der Reichsuntertanen. Diese Gemeinden befinden sich im Reichs- und im Hagga-Becken, den noch am ehesten besiedelbaren Gegenden der ausgedörrten Welt. Obwohl das Reich nominell die Kontrolle über ganz Arrakis ausübt, wird seine Herrschaft nur in diesen eng begrenzten Gebieten ernst genommen. Sonstwo findet man an menschlichen Wesen nur die „Eingeborenen", die Freihen.

Arrakeen (folgende Seiten) Die alte Stadt Arrakeen ist der traditionelle Sitz der planetarischen Regierung. Hier, auf dem Landefeld, sieht man eine Gruppe von Siedlern das Verwaltungsgebäude verlassen, um an Bord eines Ornithopters zu gehen, einer der insektenähnlichen Flugmaschinen, die das häufigste Transportmittel darstellen. Im Vordergrund steht ein Freihe, angetan mit dem knapp auf die Haut geschneiderten Schweißanzug, der den Wasserverlust des menschlichen Körpers auf ein Minimum begrenzt.

Freihen Das *Reichswörterbuch* übersetzt das Wort mit „Sandpiraten" und spielt damit auf die Wildheit und die Gesetzlosigkeit dieser widerstandsfähigen Menschen an, die sich keinem Kaiser beugen. Sie sind in Wirklichkeit die Abkömmlinge der Zensunni-Wanderer, einer spätmohammedanischen Sekte mit reaktionären Glaubensgrundsätzen. Sie siedelten auf Arrakis, wo die Umweltbedingungen (wenn auch mit ins Unermeßliche gesteigerter Intensität) die irdischen Wüsten widerspiegelten, die ihre fernen Vorfahren bewohnten. Der wichtigste, aus Notwendigkeit und mit Fanatismus vertretene Grundsatz ihrer Gesellschaft ist die Konservierung von Wasser. Er wird sowohl von der Sprache als auch von den Gebräuchen reflektiert.

Die Anweisung „Hol sein Wasser!", von einem Freihen-Anführer erteilt, ist ein Befehl zu töten. Die Körper der Toten (sie bestehen zu 70% aus Wasser) werden in jedem Fall wiederaufbereitet; nichts wird verschwendet. Die Wortwahl des Befehls stellt nicht etwa einen Euphemismus dar. Menschliches Leben ist billig in den Wüsteneinöden von Arrakis, während Wasser bei weitem das kostbarste Besitzgut darstellt. Die Anweisung spiegelt lediglich diese Prioritäten wider.

Die Freihen sind furchteinflößende Krieger, aufgrund ihrer Lebensweise zu einer Unerbittlichkeit gestählt, der kein konventioneller Soldat – auch nicht das kaiserliche Sardaukar-Elitekorps – annähernd Gleichwertiges entgegenzusetzen hat. Ihre bevorzugte Waffe ist der Crys-Dolch, eine zweischneidige Klinge von milchweißer Farbe und etwa 20 Zentimetern Länge. Crys-Dolche werden durch Zurechtschleifen der Zähne des Sandwurms

(siehe weiter unten) hergestellt und zerfallen, es sei denn, sie wären speziell präpariert worden, wenn sie nicht unmittelbar am menschlichen Körper getragen werden.

Die Freihen wohnen in Höhlensystemen (die Erosion ist auf Arrakis ein sehr bedeutender Umweltfaktor), die auch *Belager* genannt werden. Der Ausdruck bezeichnete ursprünglich einen Ort, an dem sich die Freihen in Zeiten der Gefahr zusammenfanden. Aber die Bedingungen auf Arrakis, wo die Gefahr allgegenwärtig ist, führten dazu, daß die Bezeichnung schließlich generell für alle Behausungen der Freihen gebraucht wurde. Ein großes Belager bietet mehreren tausend Freihen Unterkunft und bleibt dennoch nach außen hin verborgen. Die Höhleneingänge werden durch Felspfropfen verstöpselt, und die Pfropfen schützen sowohl gegen die Entdeckung von außen wie auch den Wasserverlust von innen. Das Belager verschafft sich seinen Wasservorrat mit Hilfe von Winddallen, d.i. Geräten, die durch Temperaturgradienten in ihrem Innern den winzigen Feuchtigkeitsgehalt der Luft auskondensieren. Das Wasser wird sodann in Becken innerhalb des Belagers gespeichert, die durch Felswände gegen die räuberischen Sandforellen (siehe unter „Sandwurm") geschützt sind.

Einem Nicht-Arrakianer käme ein Freihen-Belager – eine Anlage düster erleuchteter Tunnels, die sich in dämmrige Höhlen öffnen – womöglich primitiv und klaustrophobisch vor. Aber allein der Umstand, daß es sie gibt, Orte des Friedens mit relativem Komfort, legt Zeugnis ab von der Fähigkeit des Menschen, sich selbst den feindlichsten Umwelten anzupassen.

Schweißanzüge Ein Mensch, der sich ungeschützt den Umweltbedingungen der offenen Wüste aussetzte, würde aus seinem Körper Wasser bis zu einem Betrag von fünf Litern pro Tag verlieren. Derart intensive Dehydrierung widerspricht dem von den Freihen mit fast religiösem Eifer vertretenen Grundsatz, daß jedes Molekül Wasser eingespart werden müsse. Sie entwickelten daher den Schweißanzug, ein überaus wirksames Mittel, den Feuchtigkeitsverlust auf ein Minimum zu beschränken. Ein Schweißanzug ist aus mehreren Schichten aufgebaut. Die innerste ist porös und daher durchlässig für den aus dem Körper austretenden Schweiß. Die nächsten beiden Schichten fällen das in der Flüssigkeit enthaltene Salz aus, und schließlich gelangt das wiedergewonnene Wasser mit Hilfe der Osmose und durch die von der Bewegung des Körpers ausgeübte Pumpwirkung in Behälter (sogenannte „Fangtaschen"). Es kann von dort durch Röhrchen getrunken werden. Abfallprodukte werden in den Oberschenkelkissen verarbeitet. Nasen- und Mundfilter verhindern den Verlust von Flüssigkeit durch Atmung. Ein richtig funktionierender Schweißanzug vermag den Flüssigkeitsverlust des menschlichen Körpers bis auf ein paar Kubikzentimeter pro Tag zu drücken (ein Großteil des Restverlusts tritt durch die Handflächen auf, die, solange keine Arbeit von Hand zu verrichten ist, durch Handschuhe geschützt werden können). Ein Schweißzelt bietet gleichwertigen Schutz für einen oder mehrere Freihen, die gezwungen sind, eine Nacht in der offenen Wüste zuzubringen.

Sandwurm Es erscheint fast unmöglich, daß eine Welt wie Arrakis eigenes Leben hervorgebracht haben und in der Lage sein sollte, es zu erhalten; aber nicht nur verhält es sich dennoch so: Der Planet produziert überdies noch die größte in der Galaxis bekannte Lebensform schlechthin, nämlich den Sandwurm, auch Shai-Hulud genannt. Niemand weiß genau, wie groß Sandwürmer werden können, aber es ist ihnen sicherlich ein leichtes, eine Länge von 400 Metern zu erreichen.

Bei all ihrer Größe haben sie unglaublich feinfühlige Sinnesorgane, die es ihnen ermöglichen, die Bewegung eines Fremdkörpers auf dem Sand aus großen Entfernungen wahrzunehmen. Daher ist die offene Wüste ein gefährliches Gelände für Reisende. Wasser ist für den Sandwurm giftig, weshalb er innerhalb einer gewissen Entfernung von den Polen niemals anzutreffen ist. Ausgewachsene Sandwürmer sind so gut wie unverwundbar. Die einzige Weise, ein Geschöpf dieser Art zu töten (abgesehen von der Detonation einer Kernbombe), besteht darin, hohe elektrische Spannungen an einem seiner Körpersegmente nach dem andern zur Entladung zu bringen und es somit in Stufen zu Tode zu elektrisieren.

Trotz seines gewaltigen Umfangs ernährt sich der Sandwurm von den winzigsten aller Kreaturen, dem Sand-Plankton, das selbst wiederum die erste Stufe im Lebenszyklus des Wurmes repräsentiert. Das Leben des Shai-Hulud spielt sich in drei Phasen ab: Sand-Plankton, Sandforelle (auch „Kleiner Schaffer“ genannt) und Sandwurm. Die Sandforellen sind kleine, lederhäutige Kreaturen, ungefähr rhombusförmig und nur ein paar Zentimeter lang. Sie haben keine erkennbaren Sinnesorgane und sind dennoch in der Lage, Wasser über beträchtliche Entfernungen hinweg (zum Beispiel in porösen Felsen) zu „orten“. Im tiefen Sand schließen sie sich zusammen, indem sie tentakelähnlichen Fadenwuchs entlang der Flanken ihrer Körper miteinander verschränken, und bilden einen „Sack“ um den Wasservorrat, wodurch sie gleichzeitig etwa in der Nähe befindliche Sandwürmer vor der Vergiftung schützen. Als nächstes entsteht aus der Mischung des Wassers mit den Exkrementen der Sandforellen ein pilzähnlicher Wuchs, der als „Ur-Gewürzsubstanz“ bezeichnet wird. Schließlich bildet sich aus Kohlenstoffdioxyd, das als Abfallprodukt entsteht, eine riesige Blase, die die Ur-Gewürzsubstanz an die Oberfläche hinaufbefördert. Die Mehrzahl der Sandforellen verliert bei diesem Vorgang ihr Leben; die wenigen Überlebenden verpuppen sich und kommen sechs Jahre später als Sandwürmer wieder zum Vorschein. Von diesen sterben wiederum die meisten, weil sie entweder von ausgewachsenen Sandwürmern aufgefressen werden oder sich an Wassereinschlüssen vergiften. Nur sehr wenige erreichen körperliche Reife. An der Oberfläche verwandelt sich die Ur-Gewürzsubstanz in *Melange* (siehe weiter unten), das durch die Bewegungen der Sandwürmer weit über die Wüste verteilt wird. Vom Melange ernährt sich das mikroskopische Sandplankton, das, wenn es nicht dem Heißhunger der Sandwürmer zum Opfer fällt, sich wiederum zu Sandforellen entwickelt.

Der Sandwurm ist der Herr von Arrakis – aber nicht der Herr der Freihen. Sie haben es gelernt, den Wurm als Reittier zu benützen, das sie mit großer Geschwindigkeit durch die

Die Gewürzfabrik (folgende Seiten) Eine Gewürzfabrik bei der Arbeit. Sie erntet kostbares Melange-Gewürz aus dem Wüstensand. Der Sand wird vorne eingesaugt, das Gewürz wird von ihm durch Zentrifugen getrennt, und der Abfallsand wird daraufhin an der Seite ausgestoßen. Ein Ornithopter im Vordergrund des Bildes vermittelt einen Eindruck von der Größe des raupengetriebenen Fabrikgefährts. Trotz seiner Größe kann es jedoch einem ausgewachsenen Sandwurm zum Opfer fallen; daher muß die Umgebung ständig im Auge behalten werden, während die Fabrik ihre Arbeit versieht.

Sandwurm und Reiter (vorangehende Seiten) Am Rand der tiefen Wüste haben die Freihen mit Hilfe eines „Klopfers“ einen Sandwurm herbeizitiert. Ein Freihe klettert auf den Körper des Wurms hinauf und hält mit seinen Haken das vordere Ende eines Ringsegments offen. Andere Freihen stehen bereit und warten, daß er das Tier unter seine Kontrolle bringt. Dieser Wurm ist von mittlerer Größe, etwa 250 Meter lang. Im Innern der tiefen Wüste wachsen Sandwürmer fast bis zur doppelten Größe.

Wüste befördert. Normalerweise hält sich der Sandwurm unter der Oberfläche auf, aber die Freihen gebrauchen zwei Haken, um die Vorderkante eines Ringsegments zu öffnen und auf diese Weise den Wurm am Eingraben zu hindern (wenn er es dennoch versuchte, geriete ihm Sand in das hochempfindliche Innenleben). Der Freihen-Sandreiter ruft den Wurm mit Hilfe eines Klopfers herbei, eines Geräts, das in regelmäßigen Abständen auf den Sand schlägt und so die Aufmerksamkeit des Sandwurms erregt. Wenn sich das Tier ihm nähert, tritt er zur Seite wie ein erfahrener Stierkämpfer und schlägt seine Haken in eines der Ringsegmente. Der Wurm wälzt sich, um das Eindringen des Sandes durch die Segmentöffnung zu verhindern, und befördert so den Reiter, der an den Haken festhält, auf seinen Rücken. Durch geschickten Gebrauch der Haken vermag der Reiter den Wurm zu steuern, und die Würmer lassen sich reiten, bis sie vor Erschöpfung nicht mehr weiter können.

Melange Arrakis wäre eine unbedeutende Hinterwelt des Reichs, gäbe es nicht dieses eine Produkt: Melange, üblicherweise einfach als „Gewürz“ bezeichnet, das einzige Ausfuhrgut des Planeten, das anderswo in der Milchstraße nahezu unerrechenbaren Wert besitzt. Dieses Abfallprodukt des Lebenszyklus' der Sandwürmer ruft einzigartige Wirkungen hervor, wenn es von Menschen getrunken wird. Erstens ist es das einzig bekannte Mittel, das den Alterungsprozeß zu verzögern vermag. Zweitens wird es von den Lotsen der Raumgilde als Hilfsmittel bei ihrer Arbeit verwandt, da es offensichtlich prophetische Visionen hervorruft. Unter den Freihen ist Melange in verbreitetem Gebrauch. Man erkennt dies deutlich an ihren Augen: Melange-Sucht verfärbt den gesamten Augapfel, das Weiß ebenso wie die Pupille, zu einem tiefen Blau.

Melange wird von großen Fabriken „geerntet“. Sie werden von extragroßen Ornithoptern in die Nähe nachgewiesener Gewürzvorkommen befördert. Die Flugmaschinen stehen sodann startbereit und heben sofort ab, sobald ein Sandwurm in der Nähe gemeldet wird – was früher oder später unweigerlich geschieht. Denn so groß die Gewürzfabriken auch sein mögen (120 Meter lang und 40 Meter breit), ein zur vollen Größe ausgewachsener Shai-hulud verschlingt sie dennoch mit einem Biß.

(aus Dunn's Cosmic Gazetteer, 17. Auflage)

Ringwelt

Ringwelt, eines der echten Wunder unserer Milchstraße, ist bei weitem das größte künstliche Objekt, das dem Menschen je zu Augen kam. Statistische Daten vermögen kaum, dem Verstand beim Begreifen dieses kolossalen Planeten zu helfen. Sein Halbmesser beträgt annähernd 150 Millionen Kilometer, sein Umfang fast 1 Milliarde Kilometer, die Breite des Ringes beläuft sich auf 1,6 Millionen Kilometer. Seine gesamte Oberfläche übertrifft die der Erde um das Dreimillionenfache. Die Atmosphäre wird durch 2000 km hohe Berge entlang des Randes am Entweichen gehindert. Die Ringwelt der Breite nach zu überqueren wäre dasselbe, wie die Erde vierzigmal zu umrunden. Die Umrundung der Ringwelt dagegen erforderte für einen Reisenden, der sich mit Lichtgeschwindigkeit bewegte, fast eine Stunde.

Bei all ihrer Größe besaß die Ringwelt indes eine Masse, die die des Jupiter nur um ein Geringes übertraf. Ihre Erschaffung muß ein Unternehmen epischen Ausmaßes gewesen sein. Mit technischen Mitteln, die wir nur erahnen können, fegten die Ringwelt-Konstrukteure das Innere ihres Sonnensystems (das des Sterns EC-1752) völlig rein und verwandelten einen Großteil der daraus entfernten Materie in das ultrastarke Fundament-Material, das den Ring davor bewahrt, von seiner eigenen Rotationsgeschwindigkeit (ca. 1230 km/sec) auseinandergerissen zu werden. Die Entfernung aller soliden Substanz war wesentlich, da jede Kollision mit der Ringwelt ein Loch durch den Boden schlagen und es der eingesperrten Atmosphäre ermöglichen würde, in einem einzigen Riesenschwall zu entweichen. (Eine solche Kollision ereignete sich in der Tat, und zwar mit einem Objekt, das sich von außen her zur Ringwelt verirrte. Zum Glück für deren Bewohner dehnte sich jedoch das zähe Fundament-Material so weit, daß das Loch, als es schließlich entstand, sich weit oberhalb der Grenze der Atmosphäre befand. Der Berg, der auf diese Weise gebildet wurde, die Faust Gottes, ist auf den Seiten 82–83 dargestellt.)

Warum war solch ein gewaltiges Projekt der Ingenieurtechnik überhaupt erforderlich? Die Antwort ist, daß die Ringwelt-Konstrukteure trotz ihrer Fortgeschrittenheit auf allen anderen Gebieten der Technik niemals das Prinzip des überlichtschnellen Fluges entdeckten. Ihr Reich wuchs bis zu einem Umfang von zehn Welten. Auch nur die Hälfte davon in einem ihrer unterlichtschnellen Raumschiffe zu besuchen, hätte zwanzig Jahre Bordzeit und mehrere hundert Jahre Ortszeit auf einer der Welten erfordert. Die Ringwelt bot ihnen ein nahezu unerschöpfliches Areal für weitere Entwicklung, und zwar so, daß es auf ihr keinen Punkt gab, der nicht innerhalb von zehn Tagen zu erreichen war (bei Benutzung ihres überaus flinken Transportsystems: eines Linearbeschleunigers, der hoch oben am Rand entlangführte). Als das Vorhaben abgeschlossen war, zogen die Bewohner aller zehn Welten in ihre neue Heimat um.

Wir können uns nur auszumalen versuchen, wie es am Höhepunkt der Ringwelt-Zivilisation dort aussah. Energie war in unbegrenzten Mengen verfügbar. Sie wurde von den sogenannten Schattenkästen erzeugt (die nebenbei auf der Oberfläche für den regelmäßigen Wechsel von Tag und Nacht sorgen) und zur Ringwelt hin abgestrahlt. Durch Nuklearsynthese konnte jedes Element in beliebiger Menge hergestellt werden. Nur ein paar Beispiele der schwebenden Städte überleben bis auf den heutigen Tag (wie etwa das Traumschloß,

Im Anflug auf die Ringwelt (folgende Seiten)
Ein Raumschiff nähert sich der Ringwelt. Es ist noch zu weit entfernt, als daß man von Bord aus hätte Einzelheiten erkennen können, aber die Oberfläche erscheint klar und deutlich in Abschnitte von Tag und Nacht unterteilt, wobei die Nacht von den gewaltigen Schatten erzeugt wird, die von den die Sonne in einem engeren Orbit umkreisenden Schattenkästen erzeugt werden. Jeder Schattenkasten ist 4 Millionen Kilometer lang und 1,6 Millionen Kilometer breit. Die Kästen werden untereinander durch Stränge ultrastarken Fadens in Formation gehalten.

Nacht auf der Ringwelt (vorangehende Seiten) Nur zur Nachtzeit läßt sich die Gewaltigkeit der Ringwelt von ihrer Oberfläche aus erkennen. Im Tageslicht verschwindet die ferne Landschaft in dunstiger, horizontloser Unendlichkeit. Zur Nacht dagegen wird der gewaltige Bogen der Ringwelt sichtbar – ein Streifen glänzender Helligkeit, der sich bis zum Zenit aufschwingt und jenseits dessen wieder abwärts krümmt (hinter dem Blickpunkt der Abbildung). Nachts ist es möglich, die riesige Ausdehnung der Ringwelt zu ermessen. Der Berg rechts im Vordergrund ist die 1600 km hohe Faust Gottes. Er entstand infolge des Aufpralls eines Meteors auf die Unterseite der Ringwelt. Durch die Wucht des Aufschlags wurde das Fundament-Material trotz seiner phantastischen Widerstandskraft weit nach innen gewölbt.

dargestellt auf den Seiten 86–87), aber auch diese wenigen sind von beeindruckender Imposanz. Vielleicht aber ergeht es der Ringwelt wie dem Parthenon und dem Stonehenge-Tempel der Erde, die beide im Zustand teilweisen Zerfalls höhere Berühmtheit erlangten als zu der Zeit, da sie noch ganz waren.

Wie kam es zum Sturz einer derart gewaltigen Zivilisation, und warum sank sie so rasch in die Barbarei zurück? (Man schätzt, daß der Sturz nur etwa 1500 Jahre vor der Landung der ersten Forschergruppe auf der Ringwelt stattfand.) Die Antwort ist einfach und gleichzeitig eine Warnung an jede Kultur, sich nicht in die Alleinabhängigkeit einer fortgeschrittenen Technologie zu begeben. Es war nur natürlich, daß die Ringwelt-Konstrukteure sich bemühten, unerwünschte Organismen ihrer Welt fernzuhalten. Die Ringwelt sollte eine Art Utopia sein, ein Ort frei von schädigenden Einflüssen. Ihre zehn Heimatwelten leerten sich jedoch nicht auf einen Schlag, und noch lange Zeit nach dem Umzug zur Ringwelt wurden sie von Raumschiffen angeflogen, die nach diesem oder jenem Überbleibsel suchten, das ein Teil ihres Erbguts bildete. Ein solches Schiff brachte eine scheinbar bedeutungslose Substanz zur Ringwelt, die letzten Endes den Zusammenbruch der dortigen Zivilisation herbeiführte, eine Art Schimmelpilz. Der Schimmel besaß die Fähigkeit, supraleitende Materialien zu zerstören, die von der Ringwelt-Technik vielerorts und in allen Arten von Maschinen verwendet wurden. Wir wissen nicht, wieviel Zeit verging, bis die gefährliche Tätigkeit des Schimmelpilzes offenbar wurde, aber wir können aus gewissen Zusammenhängen ableiten, daß die Entwicklung sehr langsam und unmerklich vor sich ging, so daß der Pilz sich über die Länge und Weite der Ringwelt ausgebreitet hatte, bevor man zum ersten Mal Alarm schlug. Die Folgen waren zweierlei, beide in gleicher Weise verheerend. Erstens brachen die Empfänger für die Energiestrahlung der Schattenkästen zusammen, wodurch der katastrophale Sturz der Städte heraufbeschworen wurde, in dessen Verlauf alle schwebenden Konstruktionen – mit Ausnahme derer, die über bordeigene Energieversorgung verfügten – aus dem Himmel stürzten und dabei nicht nur selbst zu Bruch gingen, sondern auch Gebäude auf der Oberfläche vernichteten. Unzählige Bewohner der Ringwelt fanden den Tod.

So verheerend dieser Schlag auch sein mochte, so hätte sich die Ringwelt wahrscheinlich doch davon erholen können, wenn nicht auch der *Cziltang Brone* durch den Schimmel außer Gefecht gesetzt worden wäre. Der *Cziltang Brone* war das Gerät, dessen die Konstrukteure der Ringwelt sich anstelle von Luftschleusen bedienten, um von der inneren Oberfläche ihrer Welt zur äußeren zu gelangen, auf der sich die Raumhäfen befanden. Es verlieh der Substanz des Ringes eine Durchdringbarkeit, die es ermöglichte, ohne besondere Schwierigkeit „durch die Wand zu gehen“. Das Gerät war sicherer als eine Schleuse, die im Fall eines Versagens womöglich kostbare Atemluft von der Ringwelt hätte entweichen lassen. Der *Cziltang Brone* dagegen ließ im selben Fall nur ein solides, undurchdringliches Stück Fundament-Material zurück – aber solange er außer Funktion war, gab es keine Möglichkeit, von einer Oberfläche der Ringwelt zur anderen zu gelangen.

Auf solche Weise fanden sich die Ringwelt-Konstrukteure in einer Falle gefangen, die sie selbst gebaut hatten. Ohne Energie konnten sie keine Supraleiter herstellen, und ohne

Zugang zu den Raumhäfen war es ihnen unmöglich, die Energieversorgung wieder in Gang zu bringen. Die Anlagen der Nuklearsynthese waren außer Betrieb; alles Metall, das sie besaßen, war bereits zur Herstellung von Maschinerie verwendet worden.

Erz aus Bergwerken zu gewinnen, wie man es auf einer natürlich entstandenen Welt getan hätte, war unmöglich; denn unter ihren Füßen befand sich weiter nichts als eine Erdschicht, die das zähe Fundament-Material des Ringes bedeckte.

Noch immer wäre eine Rettung der Ringwelt möglich gewesen, wenn es einen angemessenen Vorrat an Reserveenergie gegeben hätte. Dieser aber existierte nicht, und die geringfügigen Energiereserven wurden für die Aufrechterhaltung „wesentlicher" Dienstleistungen vergeudet. So wurde die Gelegenheit versäumt, und die Zivilisation sank zur Stufe der Primitivität zurück, die einstmaligen Konstrukteure, an die man sich nur noch halb erinnerte, als Götter verehrend.

Die Ringwelt wurde etwa 2800 von Piersons Puppenspielern entdeckt, als sie auf ihrer Flucht vor einer Explosion des galaktischen Kerns (deren Schockwelle uns erst in 20 000 Jahren erreichen wird) in der Nähe ihres Zentralgestirns vorbeikamen. Dieses ist rund zweihundert Lichtjahre von der Erde entfernt. Ihre sprichwörtliche Feigheit machte es den Puppenspielern unmöglich, die Ringwelt selbst zu erforschen. Um mehr über die eigenartige Welt zu erfahren (und um zu ermitteln, welche Gefahr ihre Bewohner für sie selbst darstellen mochten), beauftragten sie einen der Ihren, Nessus, eine Expedition zusammenzustellen. Unvorstellbar kühn nach ihren Maßstäben, unglaublich furchtsam nach den unseren, warb Nessus zwei Menschen und einen Kzin als Mannschaft an. Die später berühmt gewordene Forschergruppe, bestehend aus Louis Wu, Teela Brown, dem Tiersprecher und Nessus selbst, landete pflichtschuldigst auf der Ringwelt. Die Belohnung für die Menschen ebenso wie für den Kzin war das Geheimnis des hochentwickelten Hypertriebwerks der Puppenspieler.

Als sie sich der Ringwelt näherten, wurden sie von deren automatischer Meteor-Verteidigung abgeschossen und machten eine Bruchlandung in der Nähe der Faust Gottes. Ihre Abenteuer auf Ringwelt werden von Larry Niven authentisch beschrieben. Auf ihren Reisen trafen sie auf einen der wenigen noch lebenden, ursprünglichen Ringwelt-Konstrukteure, Halrloprillalar Hotrufan, eine Frau, die zur Besatzung eines Raumschiffs gehört hatte, das unterwegs war, als sich der Zusammenbruch ereignete, und erst zurückkehrte, als dieser bereits Geschichte war. Sie hatten einen *Cziltang Brone* improvisiert, um zur Innenfläche ihrer Welt zurückzugelangen; das Gerät versagte später, so daß sie keine Möglichkeit des Entkommens mehr hatten. Aus ihren Angaben sowie aus den Schlüssen, die Louis Wu und Nessus zogen, ist diese bruchstückhafte Geschichte der Ringwelt abgeleitet.

(aus *Künstliche Welten in Wirklichkeit und Dichtung* von L. Van Cott, veröffentlicht bei TransGalactic Viewbooks Ltd, Trantor, 26680 Neues Universal-Zeitalter)

Das Traumschloß (folgende Seiten) Das Traumschloß ist eine der wenigen übriggebliebenen Erinnerungen an den Glanz der Ringwelt-Zivilisation auf ihrem Höhepunkt. Zu jener Zeit müssen die Himmel über den Städten der Ringwelt voll solcher riesiger Strukturen gewesen sein, die durch Energiestrahlen von der Oberfläche aus in schwebendem Zustand gehalten wurden. Als die Zivilisation zusammenbrach und die Energieversorgung versagte, stürzten sie alle – mit der Ausnahme weniger, die wie das Traumschloß über bordeigene Energieerzeuger verfügten – zu Boden und zerschellten. Die zertrümmerten Überbleibsel der Stadt erstrecken sich meilenweit über die Oberfläche. Die Abbildung zeigt drei Fahrzeuge der Louis-Wu-Forschergruppe, die sich dem Traumschloß nähern.

Trantor

Die Geschichte des Planeten Trantor ist die Geschichte eines Reiches. Während des zwölften und dreizehnten Jahrtausends des Galaktischen Reiches war es allgemein bekannt, daß „alle Wege nach Trantor führen“, der Welt, die das gesellschaftliche und verwaltungstechnische Zentrum der Milchstraße darstellte. Mehr als zweitausend Jahre lang war Trantor unbestreitbar der wichtigste Planet im Sternenreich des Menschen, einer Föderation von mehr als 25 Millionen bewohnter Welten, deren Angelegenheiten, Fortschritt, Wohlbefinden und Strafzuteilungen von dieser „einen, schimmernden kaiserlichen Welt“ beobachtet und kontrolliert wurden (Literaturbezug 1).

Trantor besaß nur eine Aufgabe: Verwaltung. Die Welt diente nur einem Zweck: Regierung. Und sie erzeugte nur ein Produkt: Gesetze. Trantor war das Herz des Reiches und bezog seine Stärke aus dem Reich, es stieg und fiel mit dem Reich; und es überrascht nicht, daß kurz nach dem Beginn des Sturzes der kaiserlichen Dynastie auch Trantor zu stürzen begann.

Es gibt Historiker, die der Ansicht sind, Trantors Sturz habe sich zuerst ereignet und den Abstieg des Ersten Reiches somit verursacht. Diese Hypothese wird jedoch angezweifelt (Literaturbezüge 2 und 3).

Nahe dem galaktischen Zentrum gelegen, war Trantor der erdähnliche Satellit einer glänzenden, gelb-weißen Sonne. In diesem Raumsektor leuchten die Sterne so hell, daß der Unterschied zwischen Tag und Nacht nur gering ist – vermutlich war das der Hauptgrund, warum die Bevölkerung sich einen „künstlichen“ Himmel schuf und sich immer tiefer in eine Umgebung vergrub, wo es ihr möglich war, die Lichtverhältnisse zu kontrollieren. Es überrascht nicht, wenn man die Besonderheiten der Oberflächengestaltung Trantors während des Ersten Reiches bedenkt, zu erfahren, daß der Planet mit dem ungeschützten Auge vom Raum aus nicht beobachtet werden konnte, da er sich zu grell darbot.

Man nimmt an, daß Trantors Laufbahn als die einer gewöhnlichen Siedlerwelt begann, mit einer Anzahl von Städten, die an geeigneten Orten überall auf der Planetenoberfläche errichtet wurden, zumeist in der Nähe eines der vielen kleinen Ozeane. Die Wahl der Welt zum planetaren Verwaltungszentrum erfolgte wahrscheinlich während des späten siebten oder des frühen achten Jahrtausends des Galaktischen Reiches (Literaturbezug 4). Danach wuchs ihre Bedeutung infolge ihrer zentralen Lage relativ zur Mehrzahl der 25 Millionen Reichswelten, und die Menge der Informationen, die auf Trantor gespeichert und verarbeitet wurden, nahm überwältigende Ausmaße an. Immer mehr Städte entstanden, jede verantwortlich für die Kontrolle eines bestimmten galaktischen Sektors, und immer mehr Bodenschätze wurden abgebaut, um Materialien für die Bautätigkeit zu ergeben. Im frühen zwölften Jahrtausend war Trantor schon seit geraumer Zeit eine einzige, riesige, planetenweite Stadt, eine mit Metall bedeckte Welt, die eine immer noch zunehmende Bevölkerung von vierzig Milliarden Seelen trug. Trantors gesamte Landfläche betrug knapp 200 Millionen Quadratkilometer. Lediglich 250 davon blieben in ihrem ursprünglichen Zustand erhalten, ein grüner Fleck inmitten der Metallwüste. Dies war natürlich das Parkgelände des kaiserlichen Palasts (Literaturbezug 5).

Empfohlene Zusatzlektüre

1. *Künstliche Welten in Wirklichkeit und Dichtung* von L. Van Cott, veröffentlicht bei TransGalactic Viewbooks Ltd, Trantor, 26680 NUZ
2. „Zentralisierung der Reichsgewalt als verursachender Faktor in der Bevölkerungsunruhe während der Ersten Galaktischen Ära“, aus *Der Abstieg und Fall von Trantor* (Symposion), veröffentlicht bei Edwards Literary Empire Ltd, 29997 Gal. Ztr.
3. „Die Auswirkung der Revision der Handelsrouten auf den Informationsfluß durch Verwaltungskanäle auf Trantor während der Periode der peripheren Unruhen im Jahre 24457“, ebendort
4. *Encyclopaedia Galactica*, 24 000. Auflage (903 Bände), veröff. Terminus Galactic HoloBooks Inc.
5. *Dunn's Cosmic Gazetteer*, 45. Auflage, veröffentlicht 28891 NUZ bei Pierrot-Galactic Information Publishing Ltd, Venuria
6. *Unter der Haut der Stadt*, ein Bericht über die unterirdische Technologie von Trantor von R-Petr Lor, veröffentlicht bei Imperial University Press in Zusammenarbeit mit Robot Art Ltd, 25596 NUZ
7. *Foundation and Empire* (Roman) von Isaac Asimov, Ausgabe der Galactic Press veröffentlicht 24443 NUZ, erste Veröffentlichung im Jahr 7 des Atomzeitalters
8. *Das Büro des verlorenen Beamten* und andere Volkserzählungen von Trantor, veröffentlicht bei Robstok Galactic HackBooks Ltd, 22323 NUZ

All dies lief darauf hinaus, daß Trantor zur Gänze auf Einfuhren angewiesen war, ein Umstand, der für die Welt während des Sturzes des Ersten Reiches verheerende Folgen hatte. Zur Zeit seiner Blüte jedoch verschlang der Planet die gesamte Agrarproduktion zwanzig nahegelegener Welten; zwei Welten waren ausschließlich mit der Bürokratie der Versorgung Trantors beschäftigt; Industriewelten der lokalen Gruppe betrachteten Trantor als das Hauptziel ihrer Exporte; Trantor war bei weitem das wichtigste Touristenzentrum der Galaxis, und vor der Entdeckung der riesigen Kunstwelten wurde der Planet im Rückblick als das siebzehnte Wunder der Milchstraße bezeichnet. Wasser war das einzige Naturprodukt, das Trantor selbst zu erzeugen vermochte, und zwar durch Anzapfung unterirdischer Wasservorräte wie durch die Reinigung der Ozeane. Wasser wurde in riesigen, unter der Oberfläche befindlichen Speicherkesseln aufbewahrt und nach dem Gebrauch durch die auf den untersten Ebenen angesiedelten hydroponischen Farmsysteme wiederaufbereitet. Die Hydroponie wurde auf Trantor bis zu einem beeindruckend hohen Grad der Vollendung entwickelt und verlieh dem Planeten ein gewisses Maß der Autarkie, jedoch längst nicht genug, um die riesige Bevölkerung in ihrer Gesamtheit zu unterhalten.

Es erstaunt, zu hören, daß die Stadt auf der Oberfläche von Trantor nur selten weiter als 150 Meter über das ursprüngliche Bodenniveau hinausragte. Im späten zwölften Jahrtausend zum Beispiel bot das Luxor-Hotel mit einer Höhe von 150 Metern eine Panorama-Aussicht auf die Metallhaut, die immer komplexer werdenden Strukturen der Gebäude, den endlosen Horizont, an dem Himmel und Metall einander begegneten, eine unendliche Fläche, die sich schließlich in eintönigem Grau verlor, so daß selbst die Hunderte von Hotels und Landehäfen und Luftverkehrswegen mit ihrem sich ständig bewegenden Verkehr wie im Dunst verschwammen.

Was man oft vergaß, war der Umstand, daß die Stadt sich bis zu einer Distanz von fast zwei Kilometern *unter* der Oberfläche erstreckte. Dort gab es Ebenen, Straßen und „offene" Flächen, mit einem künstlichen Klima versehen und von künstlichen Sonnen beleuchtet (Literaturbezug 6). Die unterirdische Stadt erstreckte sich bis unter die Betten der kleinen Ozeane – die ohnehin vor lauter Wellenenergie- und Element/Wasseraufbereitungs-Maschinerie kaum mehr zu sehen waren –, und es wurden tiefe Schächte in die planetarische Kruste getrieben, damit die hohen Temperaturgradienten des Planeteninnern für die Energieversorgung der „Unterstadt" genutzt werden konnten. Die „Oberstadt" verwendete in der Hauptsache Solarenergie. Ganz sicherlich war das Zeitalter der nuklearen Fusionsenergie auf Trantor schon lange vorüber, bevor es auf anderen technisch fortgeschrittenen Welten zu Ende ging.

Das Justizsystem auf Trantor Da der Kaiser auf Trantor lebte – und ein Teil der kaiserlichen Familie dort seine stetige Residenz hatte – war es weiter nichts als natürlich, daß Trantor sich zum Planeten der Gesetze, dem Justizzentrum der Milchstraße, entwickelte und der Schauplatz der wichtigsten und spektakulärsten Gerichtsverfahren in der galaktischen Geschichte wurde (Literaturbezug 4). Es überrascht nicht, zu erfahren, daß gegen Ende des

Ausblick von der Dachterrasse des Luxor-Hotels auf Trantor (folgende Seiten) Der Planet Trantor ist eine einzige Stadt; praktisch jeder Quadratkilometer Oberfläche ist von Gebäuden bedeckt, von Metall überzogen, der künstlichen Haut, die bewirkt, daß Trantor im Widerschein seiner jungen gelben Sonne so unwahrscheinlich hell strahlt. Der Ausblick von der Dachterrasse des höchsten Gebäudes auf Trantor, des Luxor-Hotels, ist die erste Wegstation für jeden Touristen. Er ist der Höhepunkt jedes Besuchs auf dieser Welt. Die Aussicht umfaßt einige der berühmtesten Gebäude der Milchstraße, beginnend mit dem schmalbrüstigen und dennoch gigantischen Hauptquartier der InterStel (links), der profitabelsten Raumschiffahrtslinie der Galaxis; daneben steigen die Halbkugeln der Oper von Trantor in die Höhe, die neben ihrem regulären Programm tägliche Matinee-Vorstellungen des beliebtesten Musicals der Milchstraße bietet: *Hari Seldon Superstar*. Im Vordergrund erhebt sich der nüchterne Umriß des Öffentlichen Gerichts, Etage um Etage mit nichts als Richterzimmern, Gerichtssälen und Zuschauergalerien. Daneben steht die durchsichtige Halbkugel eines Hochparks, eines ausgedehnten Erholungsgeländes für die, die auf Trantor leben und arbeiten. Eines der zahlreichen Filmateliers von Trantor ist rechts im Bild zu sehen, unmittelbar vor dem nächstgelegenen der altmodischen Funktürme; dieses Atelier gehört der Transkapellanischen HoloVision.

11988 GZ — TRANTOR — 10 CR

REICHSANZEIGER

BEWEISLAST IM ZEITVERBRECHENSFALL ERDRÜCKEND

Holofax-Übertragung von unserem Justizkorrespondenten

Vor der Hohen Reichskammer erreichte das Verfahren gegen Charal Palat und Robert Carlsen wegen ihrer Verstöße gegen das Gesetz bezüglich der Zeitdurchbrüche heute seinen dramatischen Höhepunkt. Der Generalstaatsanwalt des Komitees für Öffentliche Sicherheit, Pitr Wistonia, erbrachte die abschließenden Indizien, die ohne Zweifel zu einem Schuldspruch für die beiden Fremdweltler sowie zu einem Urteil auf körperliche Beseitigung führen werden.

Während der langen zweiten Sitzung zeigten sich der Hauptkommissar Irak Cheon und der Beobachter von der Jahresmauer (als Vertreter des Zeitkorps) leidenschaftslos, den Blick starr auf die zitternden Angeklagten fixiert.

Palat und Carlsen werden beschuldigt, im Zeitraum von 26687 und 26697 NUZ (Jahr 11784 ff. der alten galaktischen Ära) die Einrichtung des Raumzeitforschung - und - Kontroll - Gebäudes auf der verbotenen Welt Nekronomikon 7 (Delphin-Sektor) zweckentfremdet und vier private, raumzeitflußgesteuerte Reisen ins frühe Atomzeitalter der Erde unternommen zu haben. Die Angeklagten bekennen sich nur geringfügig schuldig (Palat) und vermindert verantwortlich (Carlsen).

Im Zentrum des Beweismaterials steht das Erscheinen fremder Lebensformen, gewisser Raumschiffentwürfe und Oberflächenbeschreibungen von Planeten, die unmöglich vor Beginn der ersten galaktischen Ausbreitungsperiode hatten bekannt sein können, in 1) alten Werken der Romanliteratur und 2) als farbige Zeichnungen, die als Umwickelung sogenannter Magazine dienten. Das erste dramatische Indiz war die in Einzelheiten gehende Beschreibung des fremden Artefakts namens Orbitsville, die in Form eines Romans während des frühen Atomzeitalters gedruckt wurde. Der Ankläger führte aus, Palat sei während seiner Dienstzeit im Raumdienst der Föderation ein Mitglied der ersten Expedition zur Erforschung von Orbitsville gewesen. Der Verteidiger, StarLord Graar Jarnox, argumentierte dagegen, die Existenz und Beschaffenheit von Orbitsville hätten mit Hilfe der damals verfügbaren technischen und mathematischen Kenntnisse im Nuklearzeitalter abgeleitet werden können. Das Argument ging in den Protestschreien des Publikums unter, und das Punktverhältnis ging einen Schritt zugunsten der Beseitigung.

Dem Gericht wurde sodann das kritischste aller Beweisstücke vorgeführt. Es handelt sich um eine Abbildung in einem Magazin der Datierung 1949 (alter Kalender), wobei allgemein angenommen wird, daß sich die Jahreszählung auf die seit der Erscheinung des Christherren verflossene Zeit bezieht. Das Magazin, laut Aussage des Übersetzers Superscience Stories genannt, zeigt eine in allen Einzelheiten ausgeführte und genaue Wiedergabe eines Dorgan, der intelligenten Lebensform des Planeten Cepheus C4. Der Ankläger lenkte die Aufmerksamkeit des Gerichts sodann auf eine kleine menschliche Gestalt, die einen Bestandteil des Bildes darstellte und unzweifelhaft den Angeklagten Carlsen darstellte. Weitere Magazin-Beweise umfaßten die bildliche Darstellung sämtlicher Arten von Raumlast- und Passagierschiffen, die zum Teil heute noch bei privaten Unternehmen im Dienst stehen. Die Bilder waren indes Jahrtausende vor ihrem ersten Stapellauf von dem Künstler Paul gezeichnet worden.

In seiner Ansprache an das Publikum wies der Ankläger Wistonia darauf hin, daß es sich bei diesem Fall nicht um die spezifischen Einzelheiten der Zeitlichen Informationsverschiebung (Verstoß gegen das Z.I.V.-Gesetz) handele, sondern um das Prinzip der Nichteinmischung, das hier verletzt worden sei. Zeitagenten seien über einen Abschnitt vom frühen Steinzeitalter der Erde bis zu einem Zeitpunkt in der fernen Zukunft, an dem das universelle Gefüge einen derart hohen Grad relativer Instabilität aufweise, daß Zeitreisen darüber hinaus nicht durchgeführt werden könnten, verteilt und arbeiteten eifrig an einem komplexen Programm von Morden, Umverteilung der Geldmittel und technologischer Frustrierung, um bestimmte Katastrophen zu verhindern. Die Anwesenheit von Carlsen im Amerika der 1800er Jahre habe nicht nur zur vorzeitigen Erfindung des Striptease, sondern darüber hinaus zur Entwicklung und Anwendung der Photonenbombe geführt, durch die im Jahre 1915 Deutschland und die Hälfte des übrigen Europa ausradiert worden wären, hätte die Sache nicht in letzter Sekunde noch durch einen Schlafzimmermord gestoppt werden können. Immerhin stehe trotzdem noch nicht fest, ob durch die Angeklagten nicht doch ein langzeitiger Entwicklungstrend in Gang gesetzt worden sei.

Das Urteil wird für morgen erwartet, aber StarLord Jarnox hat bereits die Berufung angemeldet, mit der Begründung, daß der Ausgang des Verfahrens bereits vor siebzehn Jahren von einem transtemporalen Reporter ausgeplaudert worden sei. Er zitierte aus der Aussage, die Palat bei seiner Festnahme machte: „Mein Leben wäre anders verlaufen, hätte ich nicht gewußt, daß ich für Zeitverbrechen hingerichtet werden würde!"

Streik verzögert Brennstofflieferung

Offax-Übertragung vom Föderationsamt auf Darkover

Der wilde Streik einer Fährenmannschaft im Vier-Sterne-System Alpha Lyris stoppte den Transport von 2000 Einheiten des kostbaren Brennstoffs „Feuerstein" vom Planeten Pern, die gegen Ende des galaktischen Monats an Cowpers Welt (Alpha Lyris 2) geliefert werden sollten.

Cowpers Welt importiert über 8000 Einheiten des kurzlebigen und lebenswichtigen Brennstoffs pro Trantor-Jahr im Austausch für wertvolle, pilztötende Kristallsubstanz, die im Innern der planetaren Ödkruste abgebaut wird. Nach lyrischem Gesetz ist für jegliche Art von Verlust, die durch Brennstoffzerfall entsteht, der Exporteur verantwortlich. Die Verhaltensweise der Fährenmannschaft wird mit der Weigerung ihres Arbeitgebers, Inter-Worlds Freight Shuttle & Postal Services, begründet, Gefahrenzulagen während hoher Sonnenfleckenaktivität zu zahlen. Alpha Lyris befindet sich am Ende der wasserstoffverbrennenden Phase und ist bereits merklich gerötet. Die Oberflächenaktivität hat während des vergangenen Jahrtausends merklich zugenommen.

Generationenschiff entdeckt

Das Zeitalter des Galaktischen Menschen begann früher als bisher angenommen

Holofax-Übertragung von unserem Wissenschaftskorrespondenten Demon Maurice

Die Entdeckung des Generationen-Raumschiffs „Suzie", das mit 0,1c (10 % der Lichtgeschwindigkeit) zwischen den galaktischen Spiralarmen in der Nähe der magnetischen Singularität namens Alter Duval-Wirbel dahintreibt, widerspricht der bisher akzeptierten These, wonach der galaktische Mensch erst nach drei Fehlstarts, den drei sogenannten Supertechnologie-Zeitaltern im Anschluß an die Atom-Ära, aus seinem Sonnensystem heraus in die Galaxis vorstieß.

Bis vor kurzem galt „Eros", ein ausgehöhlter Asteroid, der sich jetzt als Museum in einem Orbit um Chimal befindet, als das älteste, je entdeckte Generationenschiff. Einzelheiten auf der Oberfläche von Suzie stammen laut mit der Neutrino-Durchtrittsresonanz-Methode durchgeführter Messungen aus dem späten 19. prägalaktischen Jahrtausend, also ungefähr aus dem 22. Jahrhundert der alten Christherr-bezogenen Zeitrechnung. Automatische, von dem Schiff ausgestrahlte Botschaften sind nachweislich in der Primitivsprache Suaheli abgefaßt, die auf der Erde für die Dauer von mehr als einem Jahrtausend vorherrschend war. Wissenschaftler, die sich mit der Frage des galaktischen Menschen befassen, sind sich darüber einig, daß Suzie bei weitem älter ist als Eros, sind jedoch getrennter Meinung in der Frage, ob Suzies primitives Ionentriebwerk sowie die Wolfram-Hülle dahingehend ausgelegt werden können, daß das Schiff aus dem Ersten Supertechnologie-Zeitalter stammt. Nur wenn es möglich wäre, in das Fahrzeug einzudringen (eine solche Vorgehensweise ist jedoch unter den Provisionen des Gesetzes zur Wahrung menschlichen Erbgutes verboten), könnte der Zusammenhang zwischen Suzie und dem Aufstieg des „homo galacticus" ermittelt werden, nämlich durch Messung des Kinn-Rezessionsindex (der Mensch des Atomzeitalters hatte ein massives, weit nach vorne tretendes Kinn) und durch die Bestimmung des Ausmaßes und der Farbe der Körperbehaarung.

WIR BRINGEN HEUTE:

Bücher – darunter eine Betrachtung zu Dav Winkroves neuem Roman über galaktische Intrige in der fernen Zukunft, Makrostrahlen gegen Ploora, sowie einen Auszug aus dem 9000. Jubal-Cade-Western, Bißwunden im Pferdeleib, die Fortsetzung der Geschichte eines Revolverhelden, der einsam und verloren die Hohe Sierra auf Proxima Centauri 7 durchstreift.

Mein Leben mit Hari Seldon – die sensationellen Enthüllungen von Seldons bestem Freund, Gaal Dornick, berichtet vor eintausend Jahren von Dornicks Sohns bestem Freund.

Und in Fortsetzung unserer gelegentlich erscheinenden Serie über die fremdartigsten Lebensformen der Galaxis: die Singenden Kröten von Wega (mit Text und Noten).

Neues Transtor nach Ree'hdwelt eröffnet

Subraum-Schnelldruck
von unserem Leitartikler für Technologie

Seine Kaiserliche Hoheit, Hari Gen Chen O'Sullivan, begab sich gestern in Trantor-Solarorbit, um offiziell das neue Stellar-TransTor zu den Peripherie-Sternen des BerSarkan-Mizaria-Sektors zu eröffnen, der einhundert Siedlerwelten sowie die bedeutende Mensch-Fremdvolk-Kontaktzone Ree'hdwelt umfaßt. Obwohl der Kolonisierungsverkehr zu dieser weit vorgeschobenen Welt aufgrund der sensitiven Natur der eingeborenen Intelligenz nicht zugelassen ist, war der Druck der Öffentlichkeit, die Ree'hd der Touristik zugänglich zu machen, doch stets sehr groß, und das neue TransTor sollte nachhaltig zur Finanzierung der Entwicklung auf den ärmeren Welten dieses Sektors beitragen.

Das TransTor besteht aus dem üblichen Kern mit raumverzerrendem Krümmungsgradienten und ist umgeben von einem 65 km weiten Kreis der Verwaltungs- und Hotelanlagen. Den Bau des TransTores besorgte die InstaTrip Pan Galactic Company auf der Basis des herkömmlichen Grav-Mech-Raumdurchstoßungsprinzips.

LOTTERIE-ERGEBNISSE

Der Hauptgewinn in der 1000. Sonderziehung der Galaktischen Lotterie fiel auf die Losnummer 3TW9563487. Der Gewinner der 1.000.000 Credite war der Erdbürger Robert Zeitman. Für Zeitman, einen direkten Abkömmling des Ringwelt-Erforschers Teela Brown, war dies der fünfte Gewinn, in der Gesamtlaufbahn der von ungewöhnlichem Glück gesegneten Familie jedoch der 995. Erfolg. Herr Zeitman gibt an, er wolle das Geld dazu verwenden, „noch reicher zu werden".

FUSSBALL-ERGEBNISSE

Interplanetarischer Pokal, Viertelfinale

Wanderer Orbitsville 2:3 Akademiker Trantor
1. FC Sirius 1:1 Roter Stern Mesklin

(Gesamtbericht auf S. 24)

Prägalaktische Ausstellung wiedereröffnet

Holofax-Übertragung von unserem Kulturkorrespondenten

Auf allgemeinen Wunsch ist die hervorragende Museumsausstellung von Gebrauchsgegenständen des prägalaktischen Menschen nach Trantor zurückgekehrt und ist der Öffentlichkeit ab morgen in der Kaiserlichen Universität zugänglich. Zu den beeindruckendsten Ausstellungsgegenständen gehören ein stählerner Stiebel-Eltron-Heißwasserbehälter mit intakter elektrischer Verdrahtung, ca. zweites Jahrtausend, und ein Feuersteinmesser des „polierten" Typus aus einer etwas früher gelegenen Epoche. Das Dach und zwei gänzlich unversehrte Fenster eines Volcswagans, eines primitiven Fortbewegungsmittels, werden ebenfalls gezeigt. Ein Modell in Lebensgröße stellt dar, wie sich das Fahrzeug nach der Meinung der Techniker bewegt haben muß. Weitere Ausstellungsstücke sind ein stählernes Hüftgelenk, das vermutlich von außerordentlich reichen Personen für kosmetische Zwecke erworben wurde, ein gummibesohlter Stiefel (bei Ausgrabungen in einem Torffeld entdeckt) und auf dem Planeten Ostfriesland (Standort unbekannt) hergestellt, sowie schließlich ein überaus seltenes Paar gleichartiger, phallusförmiger Figuren, die eine schwarz, die andere weiß, die vermutlich für eine der frühen erotischen Versionen des Schachspiels verwendet wurden. Der Name der Figuren war „Läufiger". Die Ausstellung bleibt vier Wochen lang auf Trantor, und der Eintritt kostet 10 Credite.

Das unterirdische Trantor (vorangehende Seiten) Im Licht einer künstlichen Sonne gleitet ein Taxi, zugelassenes Verkehrsmittel der unterirdischen Bereiche, aus einem der Korridore, die die verschiedenen Ebenen miteinander verbinden. Im Hintergrund erhebt sich das Canopus-Gebäude, Heimstatt eines Verwaltungskomplexes, der sich mit den Angelegenheiten der reichen Subföderation, angesiedelt auf den acht bewohnten Canopus-Welten, befaßt. Millionen solcher Taxis gleiten durch das Gewirr der Tunnel, die die Ebenen der unterirdischen Stadt wie mit einem Wabenmuster durchziehen. Ein Großteil der Bevölkerung benutzt zur Fortbewegung jedoch Rolltreppen und Aufzüge.

Ersten Reiches Audienzen beim Kaiser und Revisionsgesuche kaum mehr gewährt wurden. Zu dieser Zeit standen die kaiserliche Familie und Trantor selbst bereits unter der Kontrolle der großen Adelsfamilien, insbesondere der Familie Chen, deren Mitglieder die Kommission für Öffentliche Sicherheit bildeten.

Die Kommission kontrollierte die Polizei, die Streitkräfte sowie alle öffentlichen und Justizanlagen des Planeten. Womöglich das aufsehenerrregendste Verfahren jener Zeit war das gegen Hari Seldon (11 988–12 069 GZ), den Psychohistoriker, der des Hochverrats beschuldigt wurde, als er mit Hilfe mathematischer Berechnungen die Vorhersage machte, das Reich werde binnen 500 Jahren zusammenbrechen und durch seinen Sturz – wenn nicht rechtzeitig radikale Maßnahmen ergriffen wurden – 30 000 Jahre der Anarchie und der „Finsternis“ heraufbeschwören. Seine Prophezeiung, auf der Vorhersage menschlichen Massenverhaltens beruhend, wurde von der Kommission voller Verachtung abgetan. Man sprach Seldon des Hochverrats schuldig und schickte ihn auf den fernen Planeten Terminus in die Verbannung.

Seldons Wahrsagung stellte sich natürlich als richtig heraus, wie wir heute wissen. Er hatte erkannt, daß Trantor, während es immer spezialisierter wurde, sich in einen Zustand stetig wachsender Verletzbarkeit hineinmanövrierte und immer weniger in der Lage war, sich zu verteidigen. Und während es sich zum Verwaltungszentrum und zum allgemeinen Wissensspeicher des Reiches entwickelte, wurde es für den, der die Hand danach ausstrecken wollte, zu einer immer fetteren Beute. Die kaiserliche Nachfolge wurde von Jahr zu Jahr ungewisser, und zu Seldons Zeit wurde das Reich bereits von einer Anzahl weit verbreiteter, mächtiger Adelsfamilien regiert, deren interne Streitigkeiten an Zahl und Intensität ständig zunahmen. Der Wille, gesellschaftliche Verantwortung zu tragen, wurde immer schwächer, und dadurch entstand ein weiterer Anstoß zum Sturz des einen riesigen Reiches. Die Anzeichen der Schwäche waren schon jahrhundertelang sichtbar gewesen: die wachsende Bürokratie, das Nachlassen der Initiative (die Erforschung neuer Welten zum Beispiel wurde nicht mehr in großem Maßstab betrieben, seitdem das Reich sich nicht mehr als der Schirmherr solcher Unternehmungen betrachtete), das Einfrieren der Gesellschaftsschichten zu Kasten und das allmähliche Aussterben der Wißbegierde. All das, bewies Seldon, konnte mathematisch behandelt werden. Auf Formelbasis stellte er dar, daß mit Gewißheit ein vizeköniglicher Aufstand stattfinden werde, wahrscheinlich von einem kaiserlichen Meuchelmord begleitet, und daß viele dicht aufeinanderfolgende Perioden wirtschaftlicher Rezession zu erwarten seien, wodurch das Reich in viele miteinander Krieg führende Einzelstaaten zerfallen müsse. Das akkumulierte Wissen von 12 000 Jahren, jetzt auf Trantor befindlich, würde verlorengehen, und es gäbe einen interstellaren Krieg von nie zuvor dagewesenen Ausmaßen. Hand in Hand damit gingen ein Niedergang des Handels, ein Schwinden der Bevölkerung und ein milchstraßenweiter Zusammenbruch der Kommunikation.

Trantor, soviel stand fest, würde immer häufiger von denen angegriffen werden, die das korrupte Reich ins Herz treffen wollten. Sein Sturz im 13. Jahrtausend war das Resultat seiner Hilflosigkeit, seiner Abhängigkeit von Einfuhren und der ungeheuren Kosten, die die Verteidigung des Planeten verschlang. Gelder, die dazu verwendet wurden, Trantor zu verteidigen, konnten nur auf Kosten der Ausstattung der Raumschiffe und der Soldaten der Reichsstreitkräfte abgezweigt werden. Diese verloren daraufhin einen Krieg nach dem anderen, bis sich schließlich zum Angriff auf Trantor eine Macht sammelte, die durch nichts mehr aufgehalten werden konnte. Es kam zum sogenannten *Gran Sacco,* als die einzigartige Hauptstadt des mächtigen Reiches dessen gesamte Kraft vom Gegner aufgesogen und gegen sich selbst zu ihrer unwiderruflichen Vernichtung angewendet sah (Literaturbezug 4).

Das Leben auf Trantor dauerte noch Jahrtausende weiter, aber im Handels- und Kommunikationschaos der Milchstraße hatten seine Bewohner nur noch zwei Güter, die sie exportieren konnten: Wissen, das in der Zeit des Interregnums nicht sonderlich gefragt war, und Metall.

In der verbrannten Todesruine verrottete und zerschrumpfte die Hülle aus Metall, die den Planeten umschloß, zu einer Karikatur ihrer einstmaligen Großartigkeit. Die Überlebenden rissen die Metallplatten ab und verkauften sie an andere Planeten im Austausch für Saatgut und Zuchttiere. Zum erstenmal in vielen Jahrtausenden bekam man den natürlichen Boden wieder zu sehen, und eine primitive Agrarkultur richtete sich inmitten der mächtigen Stahltrümmer ein, die die massiven Überreste ihrer Ruinen in den Himmel reckten (Literaturbezug 7).

Trantor in Trümmern (folgende Seiten) Nach dem *Gran Sacco,* als das Reich endgültig und vollständig zerfiel, war Trantors Rolle als Administrationszentrum der Milchstraße zu Ende, und die Bewohner, der Hilfsmittel ihrer Zivilisation beraubt, versanken in den Zustand der Primitivität. Trantor, einst der großartigste Tribut an die Technologie des Menschen und die größte Touristenattraktion des Reiches, verwandelte sich in eine Müllgrube. Schicht um Schicht wurde die Bedeckung des Planeten abgerissen, denn jetzt war er mit einemmal zu einer Quelle neuen Reichtums geworden: des Stahls. Die zurückbleibende Bevölkerung beschäftigte sich entweder mit der Ausfuhr der Bestandteile zusammengebrochener Gebäude oder fand als Bauern ein neues Dasein auf den durch solcherart Tätigkeit rasch wiederentstehenden freien Bodenflächen. Das Bild zeigt einen SolWega-Schrottfrachter, der soeben Metallreste in sein Ladeabteil befördert, sowie die zerfallenden Gärten des kaiserlichen Palasts. Auf höhergelegenem Gelände errichtet, blickte der Palast auf eine Aussicht von Verwaltungsblöcken und dicht gedrängten Bevölkerungszentren. Zur rechten Hand sieht man den riesigen, faßförmigen Umriß eines Fährhafens für diesen Abschnitt des Planeten.

Treibhaus

Das Abendzwielicht des Planeten Erde bestand aus einer scheinbar endlosen Folge von Zeitaltern, in der ein immer dichter von tropischem Pflanzenwuchs bedeckter Planet sich im Licht einer immer roter werdenden Sonne badete. Die Kalte Rotphase, als die Sonne zwar riesig, aber düster und kaum mehr in der Lage war, die Erde auch nur um ein paar Grad zu erwärmen, dauerte eine Milliarde Jahre (siehe *Das Ende der Welt*). Mit der Entwicklung der Erde befaßte Wissenschaftler klassifizieren die Entwicklungsstufen des Heimatplaneten der Menschheit als *Rasche Evolution, Vielfältige Evolution, Konsolidierung, Neue Evolution, Statisches Treibhaus* und *Abschließende Kälte.* Die Periode des Statischen Treibhauses dauerte viele Millionen von Jahren, während deren sich die Sonne ausdehnte und roter und leuchtstärker wurde. Sie erstreckte sich weit bis in die Abkühlphase. Für Kosmologen ist sie von besonderem Interesse wegen des Phänomens der Interevolution von Pflanzen- und Tierleben und der Bildung einer pflanzlichen Intelligenz.

Als der Mensch auf der Erde erschien, befand sich der Planet bereits seit Hunderten von Jahrmillionen auf der Stufe der Konsolidierung, und die Vielfalt der entwickelten Arten war noch gering, obwohl das Potential der Anpassung im gewaltigen Reservoir der genetischen Kräfte durchaus existierte. Obwohl der Mensch selbst sich intensiv an seiner Umwelt zu schaffen machte und das natürliche Gleichgewicht der Evolution störte, blieben die Auswirkungen seines Verhaltens vorübergehend, und die Arten, denen er zur Entstehung verhalf, starben rasch aus, nachdem die Erde aufgehört hatte, eine Welt von zentraler Bedeutung zu sein. Dieser Abschnitt der Erdgeschichte interessiert uns nur insofern, als während dieser Zeit und in den darauffolgenden Zeitaltern, solange die Sonne sich noch in der aktiven, wasserstoffverbrennenden Phase befand, das Pflanzenreich eine passive, photo- und geotaktische Mischung von Arten war, mit nur einer ganz geringen Anzahl auf Vibrationen reagierender, fleischfressender Mitglieder (diese sämtlich mit einer äußerst wirksamen Verdauungschemie ausgestattet). Parasitismus war dagegen schon etwas mehr in Schwung, hautpsächlich in der Gestalt von Kriech- und Schlingpflanzen und zahlreicher Pilzarten. Mimikry war fast ausschließlich auf die Tierwelt beschränkt und wurde als deckende Tarnung praktiziert, das Verschmelzen mit dem Hintergrund oder die Nachahmung belangloser Pflanzenteile wie Blätter, Zweige oder Baumrinde. Dann aber, als die Sonne roter und größer wurde und die Rotationsgeschwindigkeit der Erde nachließ, setzte auf der ganzen Erdoberfläche allmählich eine dramatische Veränderung ein.

Die Neue Evolution förderte die aggressiveren Überlebenscharakteristiken des Pflanzenreichs, womöglich als Reaktion auf die Verminderung der für die Photosynthese zur Verfügung stehenden Lichtmenge, eine Entwicklung, die sonst zu einem Verzweiflungskampf um die Entwicklung neuer Methoden zur Gewinnung von Energie und Protein fürs Überleben und die Fortpflanzung geführt hätte. Das tropische Grün des Baldachins, des mächtigen Waldes, der den Planeten zu überziehen begann, bildete einen scharfen Kontrast zu der Finsternis der Welt unterhalb der höchsten Astlagen. Hier entwickelten sich der Parasitismus und die fast schon bewußte, bewegliche Suche nach Nahrungsstoffen zu allgemein üblichen Verhaltensmustern, und hier sehen wir auch die ersten schwachen

Anzeichen pflanzlicher Intelligenz, die wahrscheinlich aus der sich jetzt rasch entwickelnden Mimikry-Fähigkeit der Flora. Aber nur von einer Pilzform, der *Morelle,* kann gesagt werden, sie habe echte Intelligenz entwickelt, und zwar auf der Basis jener Art empfindsamen Verständnisses, die in der alten Welt „Empathie" genannt wurde.

Es ist ganz unmöglich, die Vielfalt und Fülle des Lebens im Treibhaus in seiner Gesamtheit zu betrachten, wir müssen uns vielmehr auf die Untersuchung seiner interessantesten Züge beschränken. Woraufhin wir uns sofort mit der Frage konfrontiert sehen, wo wir anfangen sollen, denn es verhält sich hier wie auf jeder tropischen, exotischen Welt: Wohin man blickt, findet man das Außergewöhnliche, das Ausgefallene und das Wunderbare. Das Beeindrukkendste im Treibhaus Erde ist wahrscheinlich der unglaubliche Siegeszug einer einzigen Pflanze: des Banyan-Baums. Es läßt sich nicht mehr feststellen, wann dieser kleine tropische Feigenbaum mit seinem weit verzweigten, von den Ästen herabhängenden Wurzelwerk zu wachsen und sich auszubreiten begann, wobei jeweils die nächste Generation mit der vorigen in kommunizierender Verbindung blieb, bis er schließlich, nach einem Zeitraum von vielleicht einer Million Jahren, die gesamte Landoberfläche der Erde bedeckte. Ein einziger riesiger Baum, der sich Hunderte von Metern der sterbenden Sonne entgegenreckt und die mittlere Ökosphäre der Erde bildet, die Sphäre der unzähligen Verstecke und Pfade, die sich in vielen Ebenen zwischen den Wipfeln des Waldes und dem Erdboden erstreckt. Nur wenn er sich dem wasserpflanzenerfüllten, salzigen Ozean nähert, zögert der Banyan-Baum und reduziert seinen allumfassenden Wuchs. Nur an solchen Orten erhascht man gelegentlich noch einen Blick auf die majestätischen, zerbröckelnden Ruinen der Alten Erde, auf die Gebäude, Befestigungen und Städte, die schon vor so langer Zeit überrannt wurden – zuerst von Schlingpflanzen, dann von Pflanzen, die sich von den Schlingpflanzen ernährten, und schließlich vom Banyan-Baum selbst, der die Ruinen unter sich begrub. In solchen Küstengegenden sind die Spuren des „Steinmetz-Menschen" allgegenwärtig. In den Trümmern jedoch hausen solch unfreundliche Lebensformen wie die Mörderweide und der Sandkrake, eine Tierart, die von der See in das sandige Küstenland umgesiedelt ist.

Welch ungeheure Lebensvielfalt aber herrscht in der mittleren Ökosphäre! Nesselmoos, Klappschnapper, Schattenmatte, Springschlinger . . . Namen, die einem Schauder des Entsetzens über die Haut jagen und die auf sehr wirksame Weise die kriechenden, schnappenden und auf der Lauer liegenden Pflanzenformen beschreiben, die sich mit dem Menschen den Wald teilen. O ja, was hat es mit dem Menschen überhaupt auf sich? Wenn die Pflanzen die aggressiven Gewohnheiten der früheren Tiere angenommen haben, so hat der Mensch sich einiger Charakteristiken der früheren Pflanzen bemächtigt . . . die grüne Färbung seiner Haut ist nicht, wie man leicht vermuten könnte, das äußere Anzeichen eines auf Chlorophyll beruhenden Energieerzeugungszyklus, sondern reine Tarnung. Der Mensch lebt ziemlich hoch droben im Wald, unterhalb der obersten Astlagen. Er benutzt riesige Nußschalen als Behausung und legt seinen Garten auf besonders breit gewachsenen Blättern an. Wie viele Menschen noch auf der Alten Erde leben, ist unmöglich zu sagen. Ohne Zweifel steht dagegen fest, daß er so gut wie mit keiner Pflanzenart und mit nicht besonders vielen

In den Wipfeln des Treibhauses (folgende Seiten) Eine Gruppe von Menschen hat sich bis zur höchsten Astlage des Waldes vorgearbeitet, und hier kommt es zum Abschied. Die älteren Mitglieder der Gruppe treten die Aufwärtsreise an, und die jüngeren, auch schon erwachsen, sind ihnen dabei behilflich, bevor sie wieder in die Tiefe des Waldes zurückkehren, um dort nach ihrer Weise zu leben. Gren, einer der Jüngeren, hilft Lilijo, einer der Älteren, in die Schote einer Brennurnenpflanze. Die Schote ist an dem kabeldicken Gespinststrang eines Überquerers befestigt. Überquerer sind riesige, spinnenartige Pflanzen, die ihr Netz zwischen der Erde und dem Mond weben. Wenn der nächste Überquerer zur Erde herabsinkt, wird er die Schote aufnehmen und sie quer durch den Weltraum auf die kleinere und leichtere der beiden Welten befördern. Fisteldisteln zur Linken und ein Klappschnapper zur Rechten scheinen die Vorgänge aufmerksam zu verfolgen. Ganze Wolken von Papierflüglern gaukeln einher, ihre Farben von fremdartiger Schönheit für Augen, die sich an das eintönige Grün des Waldes gewöhnt haben. Tief im Laubwerk krümmt sich wie eine düstere Warnung der winkende Finger eines Schwarzmauls.

Treibhaus: Niemandsland (vorangehende Seiten) Nur entlang des Ozeanrandes kann der Banyan-Baum, die eine riesige Pflanze, die die Treibhaus-Welt beherrscht, von anderen Baumarten aus der Vergangenheit der Erde in Schach gehalten werden. Die Zone des Niemandslands ist ein Ort der Gewalttätigkeit, wo Feinde aus der See und aus dem Wald sich auf alles stürzen, was sich längs des Wassers bewegt, und dabei aufeinanderprallen. Ein kleiner Mensch blickt auf die Steinburg eines Termieters hinaus; er kam auf dem Rücken eines Saugervogels hierher, aber der Vogel stürzte ab, und jetzt schnappt sich die blasenbedeckte Tentakel einer Wasserpflanze den Aaskörper. Aus dem Unterholz schaut ein Welkmilchner hungrig zu.

Tierarten Freundschaft geschlossen hat. Immerhin sind da die Termieter, eine der letzten überlebenden Arten der Insektenwelt, die ein Intelligenzniveau erreicht haben, das ihnen die semi-spezifische Kommunikation ermöglicht. Im Gegensatz zu ihnen sind die Tigerfliegen entfernte Verwandte der Wespen, die erbitterten Feinde des Menschen. Sie sind gelb und schwarz gepanzerte Kreaturen mit eng eingeschnürten Taillen, zottigem Haarwuchs auf den Weichteilen des Körpers, durchsichtigen Flügeln und langen, teuflischen Stacheln. Ihre großen, aus vielen Facetten bestehenden Augen machen sie zu ausgezeichneten Jägern, und mit ihren gewaltigen Eßwerkzeugen können sie selbst andere gepanzerte Geschöpfe verzehren.

Aber der eigentliche Kampf des Menschen und seiner Freunde und Feinde aus dem Tierreich wird gegen die Pflanzen geführt, den Springschlinger zum Beispiel, dessen Wurzeln und Zweige zugleich Zungen und Peitschen sind und der jede Lebensform angreift, wobei er sich um Baumstämme und Äste schlingt, um sich beweglicher Beute zu bemächtigen ... mit Vorliebe der Termieter. Und den Klappschnapper, der so schwer zu erkennen ist mit seinen riesigen, weit geöffneten Kiefern am Ende seines langen Halses, der hoch in den oberen Astlagen lauert und sein unvorsichtiges Opfer schluckt, durch den langen Hals hinab bis fast zum Boden, wo das gewaltige Maul in einem mächtigen Pflanzenkörper versteckt ist. Gegen das Schnittgras, dessen schwertgleiche Blätter dem Menschen Duelle liefern, wie seine entfernten Vorfahren sie gekannt haben mögen. Dann gegen die Grüngeweide und die Schwarzmäuler, von denen das erste das gefräßige Maul und den Magen als ein Gebüsch tarnt, dessen stangenförmige Gewächse sich plötzlich um die Beute zusammenziehen und sie mit dickflüssigem Verdauungsschleim auflösen, während das letztere ein fleischiges schwarzes Maul ausbildet, das seine Beute durch Gesang und fünf aus Chitin bestehenden, winkenden Fingern anlockt. Und dann gibt es da noch den Welkmilchner, der sein Dasein in ganz besonderer Weise den Bedingungen des Treibhauses angepaßt hat, indem er – unabhängig vom Tierreich – ein riesiges Einzelauge mit fünfzackiger Pupille entwickelte. Er ist eine riesige Pflanze, die den baumstammgleichen Körper bis zu den höchsten Wipfeln des Waldes emporrecken oder als geduckte, unförmige Gewächsmasse zum Boden hinabsinken kann und aus dessen Pflanzenmaul Verdauungssäfte schäumen, wenn er auf Beutesuche geht.

Die Analogentwicklung tiergleicher Sehorgane ist indes nicht die fremdartigste Wechselwirkung zwischen Pflanzen- und Tierreich. Die Pilzintelligenz, die unter dem Namen Morelle bekannt wurde, das Jagdverhalten der Pflanzen, die riesigen Einzelaugen, all dies verblaßt im Vergleich mit den *Dickbauchmenschen*. Es wäre sehr leicht, sich die Dickbauchmenschen als menschenförmige Pflanzen zu denken, zu genauen Abbildern des Menschen entwickelt und als Pflanzen nur erkennbar anhand ihrer wurzelähnlichen Verbindung mit den dornenblättrigen, dickbäuchigen Bäumen, die unter dem Namen Bauchbäume bekannt sind. In Wirklichkeit jedoch sind die Dickbauchmenschen *echte* Menschen, gefangen von den parasitären Wurzelauswüchsen, die sich in ihr Rückgrat senken und dort Verbindung mit dem Gehirn aufnehmen. Durch diese Verbindung werden die

Handlungen des Menschen kontrolliert. Die Pflanze ernährt ihren Sklaven, indem sie ihm durch den Wurzelauswuchs Nährsaft zusendet, während dieser willig der ihm anvertrauten Aufgabe nachgeht, nämlich Fische und andere Meerestiere zu fangen, die den Bauchbäumen als Nahrung dienen. Eine symbiotische Gemeinschaft also, aber eine, bei der alle Vorteile auf der Seite der Pflanze liegen.

Symbiose, Parasitismus, nackte Angriffslust und eine komplexe Ökologie, all dies enthalten in einem einzigen, alles beherrschenden Banyan-Baum: Das war die Treibhaus-Welt. Der Mensch hat sich diesem scheinbar entsetzlichen Leben angepaßt und überlebt. Er verwendet Nußschalen als Heimstatt und Schutzmittel; er gebraucht pelzige, mit gefederten Speichen ausgestattete Fallschirme, um sich durch die Banyan-Ebenen abwärts zu bewegen; und er bedient sich schließlich der natürlich verfügbaren Ressourcen der von Pflanzen beherrschten Welt und hat ein neues Gleichgewicht mit der Natur eingerichtet.

Nicht alles auf der Treibhaus-Welt ist feindlich. Wir müssen zum Schluß noch eine Pflanze erwähnen, womöglich die erstaunlichste, die sich je auf einem dem Menschen bekannten Planeten entwickelt hat, eine Pflanze, die nicht nur das Tierreich nachgeahmt, sondern auch eine Methode entwickelt hat, die Erde zu verlassen und ihren Lebensbereich bis zum Mond hin auszudehnen. Ich meine natürlich die Überquerer, jene gewaltigen pflanzlichen Spinnen, deren Körper fast bis zu zwei Kilometern lang werden können. Über die Millionen Jahre hinweg, während deren die Strahlung der Sonne ständig zugenommen hat und der Zeitpunkt näherrückte, zu dem sie das unwiderruflich letzte Wärme- und Lichtquant von sich geben und zum weißen Zwerg schrumpfen wird, über diese mächtige Zeitspanne hinweg hat das Pflanzenreich die Vorherrschaft an sich gerissen, die Erde und das irdische Tierreich überwältigt und niedere Lebensformen entweder in den Tod oder in die Zwielichtzone getrieben. Ganz sicher stellen die Überquerer den Höhepunkt der Pflanzenvorherrschaft dar, eine frei bewegliche, pflanzliche Lebensform, die mit der Anlage mächtiger Netzgewebe nicht nur auf der Erde, sondern auch zwischen Erde und Mond die Tätigkeit der Spinnen nachahmte; Pflanzengeschöpfe, die in der Lage waren, an den starken Fäden ihrer Gespinste entlang durch die kalten, luftlosen Weiten des Weltraums zu gleiten.

aus *Homo Botanicus: ein Rückblick auf die Zukunft des Menschen,* von Dav belAmi (überarbeitet von der Holovisionsserie, die im Jahre 25 740 NUZ von Galactic Independent TeleSensation übertragen wurde)

Treibhaus: Der Schnapp-und-Schlepper
(folgende Seiten) „Man kennt mich als den Sodalen Ji, den größten aller Sodalen von der Schnapp-und-Schlepper-Art, Prophet auf den Bergen der Nachtseite, der euch das wahre Wort bringt." Der Sodale scheint halb Fisch, halb Mensch zu sein, sein schuppiger Körper mit dem langen Schwanz kauert auf menschlichen Beinen auf einem Steinklotz, sein Fischkopf trägt ein haariges Gesicht mit hängendem Mund. Die Kreatur ist freundlich und ernährt sich von Gaben, die man ihr bringt, wie an den Gefäßen zu sehen ist, die überall herumliegen. Unter Verwendung des tanzenden Babys hat sie dem intelligten Pilz, der *Morelle*, eine Falle gestellt. Die Morelle hat sich um den Schädel des Menschen Gren angesiedelt. Sie weigert sich, das Verhältnis zu dem Menschen zu lösen, wird jedoch auf das jüngere, gesündere Kind überwechseln.

Das Ende der Welt

Das beliebteste Arrangement, das gegenwärtig von der Firma Trans-Temporal-Reisen angeboten wird, ist ihre sogenannte „Reise zum Ende der Zeit". Ferienreisende haben die Wahl zwischen mehreren Zielen, von 800 000 Jahren in der Zukunft bis zum Ende des Lebens auf der Erde, zahllose Jahrmillionen entfernt. Es wird oft die Frage gestellt, ob die auf solchen Reisen beobachtbaren dramatischen Szenen in der Tat ein getreues Abbild der Entwicklung sind, die die Heimatwelt des Menschen in der fernen Zukunft erwartet. Die Antwort muß lauten, daß wir das nicht wissen. Einige Theorien sagen aus, daß die Zukunft festliegt, unveränderlich, abgesegnet, und daß die Ereignisse, die wir auf diesen Reisen beobachten, eines Tages tatsächlich eintreten werden. Andere Hypothesen gehen indes davon aus, daß es viele mögliche Zukünfte gibt, die sich vom gegenwärtigen Zeitpunkt aus verästeln wie die Zweige eines Baumes. Nach dieser Theorie mögen die Zukunftsversionen, die der Reisende an den Haltepunkten des Tour-Arrangements zu sehen bekommt, verschiedenen Zweigen angehören. Aber eine akademische Debatte dieser Art beeindruckt die Menschen kaum, die sich drängen, noch eine Reservierung für die Reise zu erhaschen. Dieses Reise-Arrangement hat vor kurzem sogar die langjährigen Favoriten, nämlich die Kreuzigungsfahrt und den Ausflug zum Zweiten Erdbeben von San Francisco, an Beliebtheit überflügelt.

Die Standard-Reise bietet die folgenden vier Haltepunkte:

1. 802 701 n. Chr. Hier sieht man die Art *homo sapiens* sich zu zwei verwandten, aber sehr verschiedenen Spezies entwickeln. Auf der Erdoberfläche leben die kleinen, zierlichen, zerbrechlichen, kindlichen Eloi. Um sie herum stehen die halbzerfallenen, geheimnisvollen Paläste und Statuen eines vergangenen Goldenen Zeitalters (besondere Anziehungspunkte, nach denen der Reisende Ausschau halten sollte, sind die schwebende weiße Marmorstatue einer sphinx-ähnlichen Kreatur – womöglich die Darstellung einer bisher unentdeckten Art von Fremdintelligenz – und der riesige, zerfallende Grüne-Porzellan-Palast). Die Eloi selbst haben längst jede Fähigkeit verloren, solche Strukturen zu errichten. Unter der Erde, in finsteren, engen Tunnels und Höhlen, hausen die untermenschlichen Morlocke: bleiche, affenähnliche Kreaturen mit großen, rötlichen Sehorganen, die ihrer dunklen Umgebung angepaßt sind. Die Morlocke sind Fleischfresser, die Eloi ihre Beute.

So entmutigend ist dieser Ausblick auf die endgültige Bestimmung der Menschheit, daß mancher Ferienreisende schon die Vermutung äußerte, die Szenerie sei eine Holovisions-Attrappe und die gesamte Reise zum Ende der Zeit weiter nichts als ein von TTR inszeniertes Schauspiel! Das läßt sich natürlich nicht aufrechterhalten, und jedermann sei gewarnt vor dem Versuch, diese Hypothese auf die Probe zu stellen. Der Halt schließt den Besuch einer Morlock-Höhle ein, und es ist äußerst gefährlich, das Schutzfeld der Zeitmaschine zu verlassen. Die Morlocke sind wild und geschwind, und es ist den Reisebegleitern aufgrund der Temporalen Nichteinmischungsvorschriften verboten, gegen Eingeborene vorzugehen, die sich einen Reisenden schnappen, der unklugerweise die Vorsichtsbestimmungen außer acht läßt. Sie sind also gewarnt!

2. 3 500 000 000 n. Chr. Der zweite Abschnitt der Reise befördert uns an einen Punkt, an dem wir die letzten traurigen Überreste der Menschheit in Augenschein nehmen können. Die Szene ist beeindruckend öde. Die Erosion hat einen Großteil der Erdoberfläche in eine düstere Moorlandschaft verwandelt. Die Erde bewegt sich auf eine neue Eiszeit zu, und selbst die Mittagssonne spendet nur noch ein Geringes an Wärme. Gebäude gibt es keine mehr: Es bleibt keine Spur auf diesem Planeten von den Leistungen der Menschheit. Die Kreaturen, die man am häufigsten zu sehen bekommt, sind kleine graue Tiere, halb Kaninchen, halb Känguruhs in ihrer äußeren Erscheinung, die auf halbvertrockneten Grasflächen einherhoppeln. So unglaublich es erscheinen mag: Diese Wesen sind die letzten, degenerierten Abkömmlinge des *homo sapiens*. Wenn der Reisende Glück hat, bekommt er auch eines der furchterregenden Raubtiere zu sehen, die sich trotz ihrer Langsamkeit von den kleinen grauen Geschöpfen ernähren. Diese sind riesige Tausendfüßler, bis zu zehn Metern lang, deren Rücken durch grün-schwarze Hornplatten geschützt sind. Ein Mensch läuft diesen dahertorkelnden Ungeheuern mühelos davon, aber Vorsicht ist dennoch angeraten.

3. 12 250 000 000 n. Chr. Nun nähert sich das Sonnensystem dem Ende seiner Lebensspanne. Das Wiederaufflackern des Lebens während der Treibhausperiode (diese ist im Standard-Reiseplan nicht eingeschlossen) ist vorüber. Die Sonne ist in die lange Zwielichtepoche der Kalten Rotphase eingetreten. Die Erde dreht sich nicht mehr um die eigene Achse. Der Mond ist verschwunden. Der Himmel ist schwarz, obwohl die rote Sonne, ungeheuer aufgebläht, ständig am Horizont steht. Wir befinden uns an einem öden Strand. Es gibt keine Gezeiten mehr, nur eine hin und her schwappende, ölige Bewegung des Wassers, die eine dicke Kruste rosafarbenen Salzes auf dem Sand ablagert. Die Luft ist dünn; Reisende mit Atemschwierigkeiten werden von Reisebegleitern mit Respirationshilfen versorgt. Die höheren Lebensformen sind verschwunden; dieses Zeitalter stellt die verzerrte Reflexion einer prähistorischen Ära dar. Die einzigen Pflanzen sind Moose und Flechten. Ein paar Insektenarten leben noch, darunter am auffallendsten riesige weiße Schmetterlingskreaturen, aber die vorherrschende Daseinsform ist jetzt die der Schalentiere. Gigantische Krebse, mit Scheren bis zu zwei Metern, lungern am Strand. Sie sind sicherlich willens, Menschenfleisch in ihren Speiseplan einzubeziehen, also Vorsicht!

4. 12 750 000 000 n. Chr. Der abschließende Reiseabschnitt führt uns die letzte lebende Kreatur der Erde vor Augen. Die Landschaft ist noch verlassener als zuvor. Das einzige Geräusch ist das ständige Klagen des Windes. Die Sonne mit ihrem düsteren roten Licht erhellt die Szene kaum noch. Das Meer hat die Farbe und Beschaffenheit gerinnenden Bluts. Am Rand des Wassers sehen wir das letzte lebende Ding: ein mit Tentakeln ausgestattetes Geschöpf, der Körper eine schwarze Kugel von zwanzig Zentimetern Durchmesser. Am Ende ist das terrestrische Leben in die See zurückgekehrt, aus der es einst hervorkam. Bald wird diese Welt wieder so steril sein wie vor zehn Milliarden Jahren, bevor die ersten Mikroorganismen erschienen.

Die Zeitmaschine (folgende Seiten) Viele Jahrhunderte, bevor die modernen Methoden des Zeitreisens zur Anwendung gelangten, entwickelte und baute ein naturwissenschaftliches Genie im Alleingang die erste bekannte Zeitmaschine. Dies geschah in der spätviktorianischen Epoche auf der Erde – eines naturwissenschaftlich primitiven Zeitalters, als Geräte wie Düsentriebwerk und Nuklearrakete eben erst erfunden worden waren – in einem Land namens England. In der Abbildung sehen wir, dank der Bemühungen der TransTemporalen Dokumentationsgruppe, den Zeitreisenden in seinem Labor. Die Zeitmaschine, ein auf liebenswerte Weise altmodisches Gerät aus Messing, Ebenholz und Quarz, ist so gut wie vollendet, ein Zeugnis für die erfinderische Kraft des Menschen, die technologische Grenzen überwindet. Indem er mit großer Behutsamkeit Quarzstäbe zu gewissen Konfigurationen feilte und zusammenstellte, brachte es der Zeitreisende fertig, in ihnen die Funktionen der komplexen Halbleiterschaltungen zu duplizieren, die in heutigen Zeitreisegeräten verwendet werden. In seiner Zeitmaschine zu reisen, kann kein Vergnügen gewesen sein. Er beschreibt seine Empfindungen als „höchst unangenehm. Man fühlt sich wie auf einer Achterbahn, im Zustand unkontrollierbarer, schneller Vorwärtsbewegung". Dank den Fortschritten der modernen Wissenschaft erfreut sich der heutige Zeitreisende eines weitaus größeren Komforts als jener bewundernswerte Pionier.

Das Ende der Welt (vorangehende Seiten) Die Forschungsreise des Zeitpioniers beförderte ihn bis ans Ende der Welt, das jetzt den Höhepunkt der beliebten „Reisen zum Ende der Zeit" der Firma Trans-Temporal-Reisen darstellt. Die Sonne erlischt allmählich und gibt nur noch gelegentlich eine sterbende Protuberanz von sich. Ihr Licht reicht kaum noch aus, die Landschaft zu erhellen. Der Zeitreisende steht am Ufer des Meeres und beobachtet, zu seiner Rechten, einen der letzten Überreste des Lebens auf der Erde: eine formlose, tentakelbewehrte Kreatur, die bewegungslos im seichten Wasser liegt.

Schluß Diese Reise ist ungewöhnlich und sollte vermutlich Personen mit morbider Veranlagung nicht empfohlen werden. Jedoch äußerten sich von dem Querschnitt der Reiseteilnehmer, den wir befragten, 72 % mit der Ansicht, die Ferienfahrt sei ausgezeichnet, weitere 15 % sagten, sie sei sehr gut. Nur 2 % lehnten sie ab. Ein paar Kommentare lauteten: „eine wirklich ungewöhnliche Erfahrung", „rückte unsere jetzige Situation in ein neues Licht", „der originellste Urlaub, den ich je hatte" und „ein herrliches Unterhaltungsthema für Parties". Die einzige öfters geäußerte Klage bezog sich auf die Überfüllung der Zeitmaschine. Aber Trans-Temporal-Reisen meldet, daß dieses Problem infolge der erhöhten Zahl der Abreisetermine während der kommenden Saison nicht mehr auftreten werde. Im großen und ganzen kann die Reise zum Ende der Zeit, zu einem Preis von 2450 Crediten für sieben Tage, nur empfohlen werden.

(aus *Trans-Temporale Was?,* 10 724 NUZ)